鳥巢
BIRD NEST

蔡錦文◎著

鳥巢

推薦序

可以掛在牆上欣賞的書頁

　　鳥兒是大自然中的精靈，巢是孕育生命最溫暖的家，這本書叫『鳥巢』，因而可以想見是一本感性溫馨的書，又因為繪著者錦文的專業與用心，這本書更是充滿了知性豐富的故事。

　　全世界有9000多種鳥類，牠們傳宗接代的方式，就是挹注生命的力量在一顆顆的蛋裡，雖然駝鳥的蛋殼尚稱堅硬，但是相對而言，大部分的鳥蛋都是脆弱而需要細心呵護的。「鳥」築「巢」，「巢」接承著「蛋」，「蛋」將發育成「鳥」，大自然的樂章在此生生不息地展開。大部分的鳥有自己的巢，努力孵蛋，努力育幼；而有些鳥則偷懶把蛋下在別人的窩裡，讓別的鳥做辛苦的養父母，自己則在一旁納涼。『鳥巢』中的第一章「有巢氏與無殼蝸」，告訴你這些有趣的鳥類行為。

　　有些鳥類是渾然天成的織巢工匠，一草一絲構築成令人嘆為觀止的藝術品；而有些鳥類則是身軀轉轉，轉出凹陷的淺窩就稱為巢。啄木鳥啄樹成洞，幽暗的洞穴裡成長出活潑亂蹦的小啄木鳥；山雀等小型鳥沒有啄樹的能力，就利用啄木鳥啄鑿或天然形成的樹洞為巢……很精采吧！『鳥巢』中的第二章「風格特異的建築名師」，以流暢的文字搭配細緻的繪圖，帶你進入如此引人入勝的世界中。

　　鳥類活動的棲息地不同，有伴水而居的，築巢成了水上人家；有大傢伙聚在一起生殖，共同禦敵的，就成了國民住宅；有會利用天然或人造的物品，來裝飾巢的四周以吸引異性；有一些在樹洞築巢的鳥種，還會利用人工釘製、掛在野外的鳥巢箱，生一窩胖胖的寶寶。『鳥巢』中的第三章「有意思的巢

屋」，就把這些奇特的行為，多樣的築巢方式精采呈現，絕對將拓展你對巢的狹隘觀念，讓你眼界大開，驚呼「哇！」

　　蛋是脆弱的，幼雛是柔軟的，因而親鳥要把巢藏好，不讓天敵發現。幼雛能跑能跳了，要趕快帶離巢位，因為吵吵鬧鬧的小寶寶也容易吸引天敵前來。而大部分的鳥巢在使用了一個生殖季後，風吹雨淋，經過親鳥的進進出出和幼雛蹦蹦跳跳，築的巢會鬆散而不堪再使用，因而年復一年，大部分的親鳥就要重新再開工築新巢。所以在『鳥巢』的第四章「發現鳥巢」中，作者就教你找巢、測量巢，並且做個鳥巢偵探，由觀察記錄中來探究在這個巢中所發生的生命故事。

　　翻閱完這本迷人的書，你大概在想繪著的蔡錦文是何許人物啊，怎麼有這樣淵博的「鳥」知識，而又有如此細膩的筆觸，把「鳥巢」的世界如此多樣而豐富地呈現在一頁頁幾乎都是藝術品，可以掛在牆上欣賞的書頁上。最後，讓我來對錦文這個人描述一下吧！錦文是我過去碩士班的畢業生，他有著大大的牙齒，現在我想起他的模樣，就是咧開大嘴傻笑的可愛相。錦文是一個執著而有理想的年輕人，他喜歡畫畫，更喜歡大自然中美好的事物，所以碩士畢業之後，他一頭栽入生態藝術創作的世界裡。擁有著對野生動物專業的知識，錦文的畫不同於其他的繪者，他的畫有科學專業，有對自然敏銳的觀察力，更有成熟的藝術功力。『鳥巢』是一本賞心悅目，令人愛不釋手，絕對值得鄭重推薦的好書。請你「開心」「開書」！！

臺灣大學森林環境暨資源學系教授　袁孝維

鳥巢

一生之計在於巢

　　春天，五節芒草原傳來鷦鶯歌聲；清朗的月夜，森林中也有黃嘴角鴞忽遠忽近的鳴唱。鳥類在春天唱歌，傳播著結婚的喜訊，然後求偶、交配、築巢、育雛……。

　　對大多數的鳥兒來說，在繁殖季節，鳥巢是一處依歸，有助於維繫夫妻關係。鳥巢除了能夠收攏蛋，方便親鳥孵蛋及保溫，也能保護雛鳥不被掠食者發現。

　　許多鳥類認巢不認蛋，若偷偷將蛋調換，或取走一、二顆，牠們也許還能安心孵蛋或下蛋。然而，鳥兒若發現巢窩不對勁，例如偏移了位置，或被損壞，縱使已經產下一窩蛋，仍可能棄巢離去！

　　長期以來，經過優勝劣敗的殘酷生存法則，現今的鳥類反而展現出千奇百怪的築巢方式，每一種鳥都各自有著適應環境的方法來安置巢窩。活動在樹上的鳥，便在樹叢間築巢；活動於地表的鳥，巢多藏匿於草叢、岩縫中；生活於海洋的鳥類，更不會跑到高山上築巢。因此，有的將巢建築在水面上，隨波盪漾，掩飾成一絡水草；有的選擇堅實的樹洞，任憑風吹雨打也安然無恙；有的則寄宿在人類的建築物，和人相當親近。

　　鳥類多以週遭環境容易到手的物件做為築巢材料，白頭翁在樹枝間以乾草莖築杯形巢，五色鳥挖鑿枯幹築洞巢。築巢的本能，從出生那一刻就被賦予，而且各有各的藍本，因此，白頭翁不會像五色鳥一樣在樹洞內築巢。只是，鳥類也會因經驗的累積，將巢越築越好。

　　有經驗的鳥類學者，單憑巢的形狀、大小、巢材、巢位

等，便可猜測出巢的主人。對鳥巢有所認識後，一般人至少也能猜出該巢是什麼生活型態的鳥所築。

　　雖說什麼鳥築什麼巢，但鳥類築巢的材料及選擇的巢位，有時也有令人驚訝的發現。為了適應環境，鳥類某些行為的改變，也可能反應在築巢的習慣上。在日本，生活於都市的巨嘴鴉，喜歡蒐集晾曬衣服的衣架子，取代樹枝做為巢材；加拿大雁原本築巢於地面上，但在美國，曾有一對生活在都市公園的加拿大雁，反常地飛上樹梢築巢；而近幾年，科學家發現有些鳥類偏好利用芳香植物做巢材，用來保護雛鳥免受體外寄生蟲的侵擾。

　　大自然中有許多動物利用築巢來撫養下一代，從昆蟲、兩棲爬蟲類、魚類到哺乳類，若仔細觀察，不難在住家附近觀察到各種動物築巢，養一缸蓋斑鬥魚也很容易看到雄魚所築的泡巢。不過，鳥類卻是所有動物中的築巢佼佼者，甚至我們只要提到和巢相關的辭彙，都與鳥類脫離不了干係，例如「倦鳥歸巢」、「鳩佔鵲巢」、「覆巢之下無完卵」等等。

　　巢，對鳥類來說，其重要性不用說即可明瞭，然而巢的生命期也因為短暫、隱蔽而讓人忽略，就此觀點，寫作一本與鳥巢有關的書是很有趣的。本書之前，我從未繪畫過一個鳥巢，對於鳥巢僅有來自於經驗過的感動，要怎樣將這樣的感動自繪筆下表現出來，的確很傷腦筋，也摸索了一段時日；在此我得特別感謝徐偉，他的諄諄善誘讓我的想法終於不被自己打了死結，也要再次謝謝碧員，除了工作之外，他們對於生命的態度，讓我感受到美。

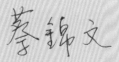

目錄

第1章 有巢氏與無殼蝸

第2章 風格特異的建築名師

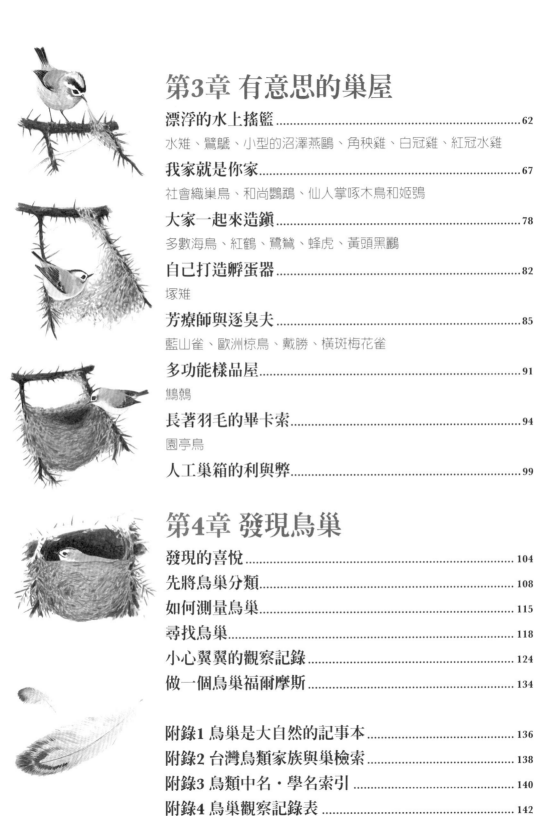

第3章 有意思的巢屋

第4章 發現鳥巢

第一章
有巢氏與無殼蝸

鳥巢

恐龍是
鳥類的有巢氏？

　　造物主決定讓恐龍飛上天時，便慢慢給了牠羽毛，「走」了一段漫長的歲月，恐龍終於飛上樹梢成了鳥類。從地面到天空，從善於奔跑的雙腳到鼓動的雙翼，這段距離是生物進化史上的奇蹟。要想飛上天際，首先必須克服體重。鳥類特有的羽毛、強而有力的胸肌、海綿結構般的中空骨骼，以及其他退化或癒合的骨骼，這些設計只有一個目的，就是為了減輕體重，翱翔天空。

　　為了避免過重，鳥類不採哺乳類的方式懷孕，雌鳥通常只須一天就能在體內形成一顆

鳥類只有一條輸卵管，
一次只下一顆蛋。

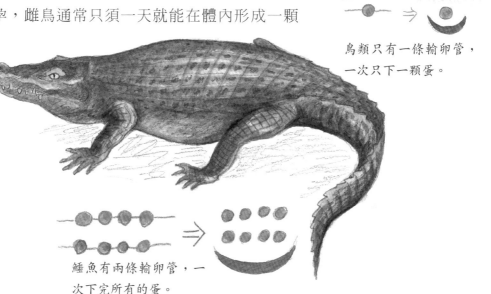

鱷魚有兩條輸卵管，一
次下完所有的蛋。

恐龍有兩條輸卵管，一
次下兩顆蛋。

恐龍、鱷魚、鳥類
的生殖比較

恐龍和鱷魚都有兩條
輸卵管，不過恐龍下
蛋的方式卻和鳥類一
樣，一條輸卵管一次
只下一顆蛋，但鱷魚
卻是一次下完所有的
蛋。根據化石紀錄的
推測，生殖方式介於
爬蟲類和鳥類之間的
恐龍，也會築巢。

鳥巢

蛋，快速下蛋後，旋即又能身輕如燕，振翅而飛，不致危及安全。在演化的道路上，鳥巢之於鳥類，等於乳汁之於哺乳類，是各擅其長、成功繁衍的方式。

那麼，鳥類是怎麼學會築巢來安置自己的寶貝蛋呢？古生物學家雖然相繼挖掘出許多鳥類的化石，但迄今並無發現任何鳥巢化石，也就無法說明鳥類築巢的發展；不過，科學家仍然能夠從北美洲及蒙古戈壁沙漠找到的恐龍巢、蛋化石，探尋鳥類築巢行為的發展過程。

鳥類築巢的本能，可能來自牠的祖先──恐龍，因為恐龍的生殖系統剛好介於爬蟲類和鳥類之間，恐龍一次下兩顆蛋（爬蟲類一次下完所有的蛋，鳥類一次下一顆蛋），並且在固定的淺坑垂直排列整窩蛋，這個淺坑，就是巢的原始雛型。除了少數鱷魚、蟒蛇外，一般爬蟲類並沒有親代照顧的行為，但科學家推測：可能恐龍已經有此行為，而這正是鳥類生殖的一大特徵。

關於築巢行為的起源，另一個有趣的推測是，可能始於兩性之間的互動刺激。例如，雄燕鷗繞著雌燕鷗求偶時，雌燕鷗會以胸部貼著地面，跟著雄燕鷗轉圓圈，不久，雌燕鷗腳下便刮出了一個淺坑。或許，就從這個簡單的動作開始，鳥類的祖先逐漸發展出各種複雜的築巢行為。

撇開演化的遙遠想像，現在仍可看到在快速變化的環境中，鳥類也改變了原有的習性。如今許多新奇或怪異的築巢行為，其實是鳥類與人類因環境改變的「共演化」現象，例

如原本在懸崖峭壁間築巢的游隼，如今也會在高樓大廈的建築縫隙築巢；倉鴞發現農舍有更多的食物——老鼠，早就搬進農舍裡安家，也適應了農人的作息；甚至有人發現一對喜鵲在高壓電塔上以鋼絲鐵條築巢，雖說這是一個特例，卻也略見端倪，誰能說多年之後，鋼絲鐵條不會是喜鵲築巢的普遍「建材」呢！

鳥巢的多樣性非但和鳥的種類有關，也和牠們適應環境的行為有關。生活在水域環境的河烏、草原高歌的小雲雀，或是穿梭林間的灰喉山椒等，都有牠們特定模式的巢窩；南美洲特有的一群鳥——灶鳥科鳥類，種數約240，是所有燕雀鳥類中，無論型態或行為最為多樣的，牠們所築的巢，從地面的洞巢到樹上的泥巢，多不勝數且十分特別。

結廬在人間的東方白鸛

幾年前，有一對飛來台灣定居的東方白鸛，著實讓許多人為之著迷。不過台灣的房舍沒有牠們家鄉會有的煙囪可以築巢，也沒有人為牠們在屋頂準備巢架，最後這對迷途的東方白鸛，竟選擇在高壓電塔上築巢。不過，還來不及有下一代，這對行影不離的東方白鸛卻因為「空難」而客死異鄉。

鳥巢

無殼蝸牛
與托嬰寄養

　　許多涉禽或者雉科鳥類，僅僅在地面的淺凹處下蛋，和牠們的祖先一樣，有著最簡單的巢，講究些的，可能還安排了小石子、小樹枝、草葉等點綴周圍。牠們的雛鳥大都早熟，出生後很快就能自行覓食。

　　有的鳥類不築巢，只要選個安全的場所，就可以下蛋。鴕鳥、部分企鵝、海鴉、歐亞洲的杜鵑、黑頭鴨、多數的夜鷹、眼斑白額燕鷗等，都是不築巢或行巢寄生的鳥類。例如生活在海邊的海鴉，牠們將圓錐型的蛋，直接下在裸露的岩石上；多數夜鷹也直接在地面上生蛋，藉由枯枝落葉掩護，

不築巢的眼斑白額燕鷗
眼斑白額燕鷗和燕子一樣，每年都會回到相同的地點生殖。外型雖然看似纖細柔弱，但為了生蛋，往往得用爪子爬樹或在樹枝尖端表演走鋼索，成鳥本身已經搖搖欲墜，還將寶貝蛋下在光禿的枝幹上，讓人捏一把冷汗。

在崖壁下蛋的海鴉

海鴉不築巢，牠們選擇在險峻的海岸峭壁生蛋，由於巢位太狹小，通常只生一顆蛋。蛋呈梨型，即使海風太大將蛋吹得旋轉，也不易滾落。

鳥巢

夜鷹不築巢，通常直接將蛋下在地面上或是枝幹中間。

皇帝企鵝寶寶和黑頭鴨寶寶

皇帝企鵝和黑頭鴨都不築巢，但寶寶的命運卻是大不同。皇帝企鵝一個生殖季只生一顆蛋，所以父母會竭盡心力照顧下一代；反觀黑頭鴨父母，一個生殖季可能生很多蛋，牠們利用寄生的方式將蛋偷偷下在其他鳥類的巢內，黑頭鴨寶寶孵化後，也立刻展現特有的浪子性格，離開寄生家庭，自己養活自己。

和地面砂石融爲一體，不易被發現；太平洋小島上的眼斑白額燕鷗，則在水平的光禿樹枝上生蛋，完全沒有保護措施，強風一吹，可能就落下了，眞讓人捏把冷汗；而生活在南極的皇帝企鵝，則將蛋置於腳上，並以毛毯般的腹部蓋住，開始沒日沒夜地孵著。這類鳥中，除了行一夫多妻的鴕鳥，會養育較多子代以外，多數都是少子一族。

有些鳥類不但不築巢，對後代也不聞不問，直接就將蛋下在別人的巢裡，完全交由其他種類的養父母（宿主）代勞。這類鳥最有名的就是杜鵑，不過，也不是所有杜鵑科鳥類都不築巢，只有分布在歐、亞、非洲，約60幾種的杜鵑有此習性，美洲的杜鵑則自己築巢。台灣的杜鵑科鳥類約有11種，夏候鳥中的中杜鵑，曾多次被觀察到將卵下在灰頭鷦鶯及粉紅鸚嘴的巢中；但屬於留鳥的番鵑，則自己築巢育雛。

杜鵑如何托卵呢？下蛋之前，雌杜鵑會潛伏在樹冠層隱蔽的地方，觀察適合用來寄生的巢窩，一旦選中，立即飛起，趨近目標，牠那像小型雀鷹一樣的外型，會把宿主嚇跑，雌杜鵑便迅速在巢內生一顆蛋，整個過程不到10秒，然後迅速離去，尋找下一個倒楣鬼，親生子嗣的照料，就這樣交由不知情的宿主代勞囉！

杜鵑寶寶通常較宿主的雛鳥早孵化二、三天，孵化出來後，本能地會以背部將宿主所生的蛋或雛鳥拱出巢外，如此惡行惡狀已然顯露，但養父母卻不以爲意；較大型的大鳳頭

鳥巢

鵑，通常托卵在喜鵲或烏鴉巢中，牠的雛鳥雖然不會將宿主的雛鳥拱出巢外，卻是仗恃優越的體型，與宿主雛鳥競爭食物，由於食量特大，其他雛鳥往往不是對手。

全世界的鳥類，約有1%是典型的托卵者。除了杜鵑科以外，文鳥科的維達雀類、響蜜鴷科、擬椋鳥科以及鴨科的黑頭鴨，也不築巢，都是著名的托卵性鳥類。以凶殘著稱的響蜜鴷，托卵在啄木鳥、蜂虎或五色鳥的洞巢內，孵化的雛鳥眼睛尚未睜開就帶著武器，小小的喙上長了尖勾，一出生便會將宿主的雛鳥刺死。

自然界裡，寄生與被寄生鳥類的角力戰，到底誰輸誰贏，目前沒有定論，因為這是一場長久的生存戰爭。為了不

雌杜鵑正在大葦鶯的巢下蛋
雌杜鵑看準了大葦鶯不在巢內，以短短幾秒鐘的時間迅速產下一顆蛋，再吃掉一顆大葦鶯的蛋。外型上，杜鵑蛋和大葦鶯蛋非常相似，許多被寄生的大葦鶯就這麼傻呼呼地幫助杜鵑完成抱卵、育雛的艱辛工作。

杜鵑的蛋雖然比大葦鶯的蛋略大些，卻有著相似的花紋。

鳥巢

響蜜鴷雛鳥
響蜜鴷也會托卵，牠專找啄木鳥等
會在洞穴中築巢的鳥寄生，牠的寶
寶喙端長著尖鉤，用來刺死其他被
寄生的鳥寶寶，一段時間之後，這
個尖鉤便會自動脫落。

必辛苦築巢，寄主不斷翻新奇招，產下的蛋既能模仿宿主蛋
的花紋，雛鳥也會模仿宿主雛鳥的索食聲，不但坐享其成，
也造成了宿主的損失。

　　不過，宿主也非省油的燈。除了會驅趕寄主，也會選擇
更隱密的地方築巢，離巢時還要將蛋覆蓋，並減少離巢時
間；再者，宿主一旦識出寄主的蛋，便會將它踢出巢外，或
者棄巢另起爐灶。北美洲的灰綠鵑，若發現被褐頭牛鸝寄
生，會立刻將巢毀掉，但牠可不浪費珍貴的巢材，在鄰近的
樹上覓得新巢位後，便拆舊巢來築新巢。

第二章
風格特異的
建築名師

鳥巢

長於針線活的
縫紉師

縫葉鶯

　　鳥能以針線縫紉的手法築巢，你相信嗎？答案眞的是有，此類鳥中，最厲害的非縫葉鶯莫屬，牠們體態嬌小玲瓏，外形似鷦鶯，但尾羽短些，嘴長而略彎。整個縫葉鶯家族的成員約有15種，主要分布在印度、中國南部至東南亞。

　　縫葉鶯雌鳥在交尾之後，便獨自承擔縫葉築巢的工作。牠先在樹叢間選擇一或二片青綠新鮮的葉子，以腳抓著葉緣將葉子闔卷，再用彎曲的尖嘴當針，在葉緣鑽孔，把找來的植物纖維、蜘蛛囊絲穿織於鑽好的葉孔，線尾則處理成球狀，挨著孔而不會鬆開，非常專注地一針一線將葉子縫成了一個口袋，然後在口袋內塡入細草、棉絮。如此費工精緻的窩巢，只需2至3天就可完工。

　　縫葉鶯選擇新鮮葉子來築巢，這樣不但有僞裝的效果，葉面上的臘質或細毛還可以防雨水。

縫葉鶯與巢雛
是誰賦予一隻小鳥這樣的天賦？不看看長尾縫葉鶯築的巢，絕對無法想像鳥類在築巢方面是如何優異於其他動物。這一群小巧的縫紉師懂得利用蜘蛛絲或蛾繭絲當線，以自己尖銳的喙當針，一針一線縫出最舒適的育嬰室。

鳥巢

編織匠的材料學

織巢鳥、擬椋鳥、酋長鳥、攀雀、文鳥、蜂鳥、綠繡眼

　　鳥類築巢，運用的工具只是嘴喙和腳。「喙」用來搬運、蒐集材料，有些鳥類嘴的功能更特殊，例如使徒鳥的嘴可以像刮刀一樣塗抹泥土，縫葉鶯的嘴可以像針一樣穿刺葉子，啄木鳥的嘴則像鑿刀，挖洞非常方便；「腳」除了可抓住或固定材料，有些鳥的腳還可以當耙子，像會挖土洞的棕沙燕、蜂虎、塚雉，牠們扒土的功夫一流。兩相比較，喙的運用似乎比腳多一些，看看織巢鳥啣草編織的靈巧模樣，就知道這張鳥嘴有多厲害。

　　織巢鳥分布在非洲、亞洲的熱帶地區，喜歡聚集在河岸邊或草原大樹上築巢，一棵樹有時懸掛二、三十個葫蘆狀的巢，蔚為奇觀。築巢通常由雄鳥開工，巢材選用禾本科植物或棕櫚樹葉。牠們先用嘴喙咬住葉緣一端，然後向上飛起，草葉就被撕扯成條狀；到了選定的樹梢，將條狀葉片打結纏繞，固定懸

黃胸織巢鳥與巢
黃胸織巢鳥的巢可說是所有織巢鳥當中最精緻的，牠們可以將植物纖維撕得又細又長，然後精準地編織出一個紮實的吊巢，巢下還設計了通道。

紫腰太陽鳥與巢

居住在非洲、亞洲的太陽鳥與居住
在美洲的蜂鳥，兩者外型均屬嬌小
玲瓏、飛行能力甚佳，也都是編織
築巢的高手。築巢方面唯一小
小的差異在於巢型，多數太
陽鳥的鳥巢屬於封閉式的
懸吊巢，巢口位於巢側，
而蜂鳥的鳥巢（見28頁）
多是開放式的枝架巢，
巢口上方並無封閉。

鳥巢

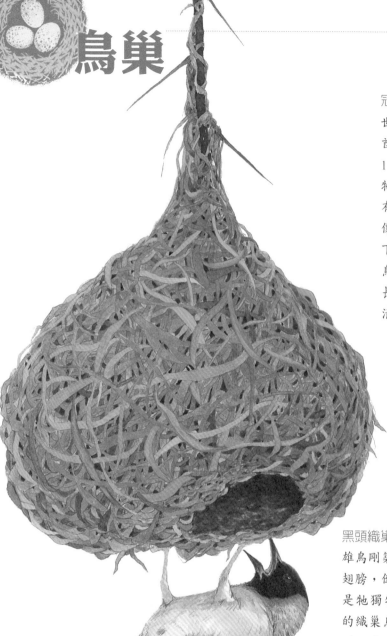

冠羽酋長鳥與巢 （右圖）

世界最長的鳥巢大概是冠羽酋長鳥的巢，最長的紀錄有180公分，這可能和常掠食牠們雛鳥的天敵──巨嘴鳥有很大的關係；如果牠們也像織巢鳥一樣，將巢口朝下，或許就可以免去被巨嘴鳥掠食的命運。不過，這麼長的鳥巢，應該還有我們不清楚的用意吧！

黑頭織巢鳥與巢

雄鳥剛築好一個巢，便興奮地舞動翅膀，倒吊在巢下吸引雌鳥，這可是牠獨特的求偶方式哦！全世界的織巢鳥約有114種，僅分布在非洲、歐洲南部至亞洲，牠們都擅長編織築巢。其中住在森林裡以昆蟲為食物的織巢鳥，沒有群聚築巢的習性，是雌雄共同築巢；而住在草原、沙漠，以植物種子為食物的織巢鳥，通常行群聚築巢，由雄鳥負責主要的築巢任務。

鳥巢

蜂鳥雖然是世界上體型最小的鳥類，但牠們可以利用各種巢材建築出最精緻的鳥巢。巢材有蜘蛛絲、棉絮、獸毛、地衣、植物、花等等。

掛的點之後，開始編織第一個圓環，接著以圓環為經緯，慢慢擴充，一環扣一環，漸漸形成一個開口朝下的圓形巢窩，雄鳥便以此鳥巢向雌鳥炫燿。

　　常見雄鳥倒吊在巢下，不停鼓動翅膀，好像對雌鳥說：「進來吧，進來看看吧！」雌鳥往往掌握此巢的生殺大權，如果「她」不喜歡，雄鳥就得拆掉重建；反之，一旦被接受了，雌鳥就會啣來一段草葉，鋪在巢內，與雄鳥交配；接下來，牠們倆將合力完成最後的階段，添補巢材、加強結構，有的在巢內還會放置泥塊或小石子，有的巢室還有隔間，據說可以增加重量以防大風，同時避免蛋的滾落。外觀上，不同種類的織巢鳥所築的巢也不一樣，有的像球或像提籃，有

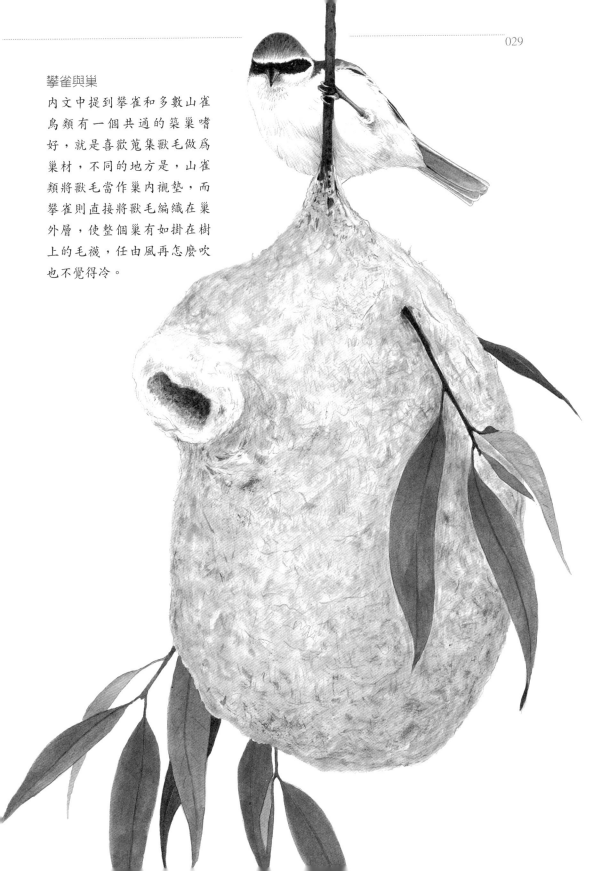

攀雀與巢

內文中提到攀雀和多數山雀
鳥類有一個共通的築巢嗜
好，就是喜歡蒐集獸毛做爲
巢材，不同的地方是，山雀
類將獸毛當作巢內襯墊，而
攀雀則直接將獸毛編織在巢
外層，使整個巢有如掛在樹
上的毛襪，任由風再怎麼吹
也不覺得冷。

鳥巢

的還有長長的通道。當然，經驗豐富的老鳥築起巢來也比菜鳥得心應手。

南美洲的擬椋鳥和酋長鳥，編織築巢的技術也絲毫不輸給織巢鳥，牠們同樣選擇在河岸邊或開闊林地的大樹上聚集築巢。不同的是，牠們體型較大，巢也較大，通常也是利用細長的植物纖維來織巢，巢的長度約60～180公分，呈紡錘狀，巢口朝上。牠們行一夫多妻制，雌鳥養育後代的付出多於雄鳥，常見雌鳥單獨築巢、孵蛋，雄鳥僅負責防禦、交配和育雛。

擬椋鳥和酋長鳥有時會選擇有黃蜂窩的樹上築巢，目的是黃蜂可以幫忙抵抗猴子等掠食者；如果出現專門吃蜂窩的鳥類，擬椋鳥也會群起抵抗來保護蜂窩，動物間的互利行為在此又見一斑。

攀雀也是編織高手，牠們體型小，和綠繡眼差不多大，面部有黑色過眼線，看來就像樹林間的蒙面小飛俠，很容易被誤以為是山雀家族。然而，山雀多半選擇樹洞、岩縫作為築巢地點；攀雀卻能在枝椏上建築一個隨風搖擺的襪形巢。

早春，已配對的攀雀選好巢位後，先用植物莖葉在枝梢做個結，再以樹皮纖維、獸毛和植物的細根，編出一條條垂掛空中的細繩，將繩一圈圈繞住樹枝後，形成許多環，接著在環與環之間以草莖、細枝、羊毛編織成一個襪形巢；巢外再用蜘蛛絲補強，巢內更鋪上柔軟的材料。攀雀雖非山雀家族，但本性也和山雀一樣，都喜歡利用獸毛築巢，其中羊毛

綠繡眼與巢

俗稱青笛仔的綠繡眼，是都
市三俠（綠繡眼、麻雀、白
頭翁）中我認爲築巢技術最
好的，牠們可以在許多地方
築巢，甚至在陽台上滿是棘
刺的九重葛枝葉間，也可以
發現牠們築的精緻小窩，牠
們擅用蜘蛛絲來築巢。

鳥巢

在整個巢材組成上佔了大部分，因此，牠們的巢就像一個溫暖的白色毛襪。

編織的築巢技術其實普遍見於其他鳥類，只是設計上通常比較簡單，技法以堆疊、交結為主，若仔細觀察，可以發現巢材之間的介面接觸非常奇妙，彼此交結卻不纏繞，例如白腰文鳥的巢。

白腰文鳥常成群結隊，在農村菜園、果園、森林邊緣或河岸草生地不難發現。生殖季節，白腰文鳥會尋一處隱蔽的枝葉，雌雄共同築一個橢圓形的巢。相對於牠們嬌小的身材，巢頗大。巢材以禾本科植物、蕨葉或就地取材的植物組成，和織巢鳥一樣，先搭建一個圓形框架，然後逐步構建外層，以身體稍加擠壓，最終完成主結構，再襯以棉花、禾本科植物的花絮等為內墊。整個巢約5～6天即可完工，巢口位於側邊，有的還有兩個入口，以方便逃生。

善用混凝土的泥水匠

大多數燕科鳥類(家燕、赤腰燕、洋燕、煙腹毛腳燕等)、擬鴉科鳥類(使徒鳥、白翅擬鴉)、紅鶴、棕灶鳥

　　燕科鳥類是人們熟知的泥土築巢者，牠那輕巧的外型及優越的飛翔能力，和雨燕科鳥類相似，容易讓人混淆；事實上，雨燕和蜂鳥的親緣關係，反而比燕子近些，因此，在築巢方面也是大異其趣，一般而言，燕子以泥土築巢，雨燕則是利用口水築巢的專家。

　　暮春時節，常見家燕、赤腰燕穿梭於街頭弄巷，習慣了人類，牠們多選擇在居家屋簷下築巢。洋燕或煙腹毛腳燕則寧可選擇在野外的橋墩、隧道或岩壁造窩。

　　長久以來，人們認為燕子是一種念舊的鳥類，因為牠們會返回老地方築巢，從前農耕社會，大戶人家的屋樑常見燕巢，燕子走了，屋主也不會清除，如此年復一年，在新舊燕子修補之下，便形成巨大規模的燕巢。由於中國人相信燕子築巢可以帶來財富，加上燕子食蟲，能助人去除討厭的蚊蚋、蒼蠅，每年定時的「人燕相會」，就像親友相聚，充滿溫馨。

　　燕子家族雖然都屬泥水專家，但不同種類間，築巢習性

 **鳥巢**

也有差異，例如家燕和赤腰燕，不但巢型、大小不同，所需的泥土量也不同。築巢活動由雌雄一起進行，牠們在下過雨的學校操場、池塘邊、建築工地或者稻田，尋找濕泥窪地，嘴巴含著濕泥丸，來回辛苦築巢。通常是早上忙著築巢，下午覓食，因為濕泥如果未乾，不斷地加大巢體積，很可能會因過重而掉下來。

　　一對家燕平均需要200～300個泥丸，費時約一星期之後，才能建築一個開口向上的碗形巢。赤腰燕則需要300至400個泥丸，有時甚至更多，因此得花10～12天，牠那開口橫向的長頸瓶形巢才能竣工。巢主要是靠泥土撐起全部的結

入口

赤腰燕泥巢

赤腰燕築的泥巢，外型像是剖半的花瓶，巢口不大，對雛鳥有很好的保護效果。生殖季結束後，留下的空巢往往會有麻雀住進來。

家燕築巢

燕子的祖先原本是在樹洞或岩洞中築巢生殖的，後來人類出現，因為農耕生活而改變了自然環境，燕子的食物——昆蟲，也跟著人類農耕生活而發生數量上的變化，有農地的地方昆蟲也多，為了捕獲更多食物來養育下一代，於是燕子也慢慢適應了人類生活。曾幾何時，像是家燕、洋燕或赤腰燕，早已捨棄原野自然的營巢地點，非人類建築物不可！若說雞鴨和人類生活息息相關，那麼燕子和麻雀也該是人類生活上最親近的鳥類伴侶了。

構，其間還混雜著細草桿、草莖葉以及自己的唾液，巢內墊有羽毛、獸毛、禾本植物花絮等柔軟材料。我曾見過一隻小家燕的腳，被紅色細繩纏住，可見牠們有時候也會選些特別的東西當巢的內襯。

但同屬燕子家族的棕沙燕，並非啣泥築巢一族，牠們選擇在沙岸築地洞巢。台灣中部的砂石場，就有棕沙燕築巢的紀錄，通常地洞深約80至100公分，在地道最深處，用植物莖葉襯出簡單的產座，上鋪羽毛。

擬鴉科鳥類也是利用泥土築巢的專家，牠們以團體行動、合作生殖而聞名，例如使徒鳥。使徒鳥平均由7隻成員組成群體，最多可達數十隻，群體以成年優勢的雄鳥為主，雌鳥為輔，亞成鳥則跟隨著團體行動，社會階級明顯。

築巢時，所有成員都加入行列。牠們先在水平的樹枝上，選一個巢位，然後以身體為中心，將啣來的泥巴混合草莖在身體周圍塗抹一圈，接著啣泥回來的成員也以同樣的動作，一圈圈地塗抹，就像人類用刮刀砌牆一樣熟練，慢慢地，一個碗公形狀的土巢便有了雛型。雖然整個築巢過程由群體的男女老少通力合作，也得花3、4天才能完工，完成後，所有成年雌鳥開始在同一個巢下蛋，孵蛋工作由成鳥負責，沒經驗的亞成鳥則負責警戒。雛鳥孵出，所有成員又共同投入育雛工作。

紅鶴雖有「鶴」字，卻和鶴科鳥類沒什麼親緣關係，反而和鸛科或鷺科鳥類親一點。然而，在築巢行為上，又和鶴

棕沙燕挖地洞巢

和家燕一樣，屬於燕子家族的棕沙燕也是益鳥，在台灣中南部比較常見。牠們築巢的本領不是築泥巢，而是挖地洞。在長長的地洞巢內，佈置一些蒐集來的羽毛、植物莖葉，當作襯墊，然後在襯墊上生蛋。

使徒鳥與泥巢

行合作生殖的使徒鳥，常將泥巢建築在水平的枝幹上。碗公形狀的土巢是牠們啣來泥巴砌成的。

鳥巢

科鳥類比較像，因為牠們在地面築巢，而鸛、鷺科鳥類是在樹上築巢。紅鶴交配後，在選好的位置上，以六個星期的時間，用彎折的喙將濕泥一點一滴堆成火山錐似的泥巢，高約30公分，巢頂有淺凹，蛋就生在這裡。

岩鷚育雛
岩鷚和我們認識的茶腹鳾是親戚，都有利用泥土將巢洞口填小的築巢習性。

紅鶴泥巢

看著紅鶴築巢過程，我總是會聯想到捏陶土。沒錯，紅鶴就是鳥類中的最佳陶塑師，牠們的作品型態統一，都做得像一個小小的火山堆，只用來生殖，不爲其他。

鳥巢

棕灶鳥與巢

下圖是棕灶鳥巢的剖面圖，實際上要剖開牠們的巢
觀察內部構造，是一件不容易的事！因為乾燥的棕
灶鳥巢堅硬無比，巢的主體除了黏土以外，還摻雜
了動物糞便、植物等，一般掠食者難以破壞其巢。

　　若提到泥巢的建築大師，應是阿根廷的國鳥——棕灶鳥，牠們常在水平枝幹、柵欄的柱子或人類的屋頂上築巢，巢材有泥土、動物糞便、植物纖維，牠們會將蒐集來的巢材混合成小土球，先用來打地基，再用以砌牆，大約需要2500個土球，才能鑄成一個外型看似烤麵包機的圓頂巢。整個巢有足球那麼大，重約4公斤，橢圓形開口位於側面，開口向內是一條通往產座的迴旋步道，內置柔軟的植物。可能因為巢材特殊，泥巢曝曬後堅硬無比，據說要用大槌才敲得開。

　　對鳥類而言，泥土是築巢重要的建材之一，就算不以泥土作為主要巢材的鳥兒，有時也會用泥土來修補巢窩，譬如喜鵲會將泥土填在巢隙間，犀鳥則將泥土混合著反芻的黏液、木屑、枝葉，把巢洞封起來。

鵲鷯泥巢

在水平的枝幹上築泥巢的鵲鷯，和許多居住在澳洲的鳥族一樣，都喜歡用泥土來築巢，也許是澳洲的氣候較為乾燥，泥土成了最好用也最方便的巢材。

鳥巢

吐口水的
高級建築師

雨燕科鳥類（金絲燕、非洲棕櫚雨燕、鳳頭雨燕等）

　　東南亞沿海地區的金絲燕，生殖季期間會分泌大量唾液來築巢。牠的唾液成膠狀，富含蛋白質、碳水化合物，一旦與空氣接觸，便黏結了起來，也就是一般被視為補品的「燕窩」。它是唯一可以食用的鳥巢，尤其是爪哇金絲燕和白腹金絲燕的巢窩，據說唾液成分高，顏色純白，雜質較少，是昂貴的「官燕」主要來源。自古人類便不斷地採集燕窩，據說有潤肺滋陰效果的燕窩，也成了難得的食療珍品，不過，根據中醫師指出，以白木耳、蓮子加冰糖，也有同樣療效。

　　金絲燕是雨燕科金絲燕屬的鳥類，全世界有15種，主要分布於印尼、泰國、馬來西亞等東南亞沿海地區。金絲燕的體型比一般燕子小，穿梭在黑暗的海岸峭壁岩洞中，能夠和蝙蝠一樣，利用回聲定位來辨別方向和找到自己的巢。

　　採集燕窩必須熟悉金絲燕的築巢過程，剛築完的巢不等雌鳥生蛋，就要採下，等成鳥另築一巢後，便可連採兩次燕窩，最後一次留給牠們生蛋育雛，待幼鳥離巢，再採最後一次。但採燕窩的過程實在很殘忍，因為很多被採下來的燕窩，巢中已經有了蛋或雛鳥。偶有採到帶有紅色的燕窩，也

金絲燕的口水巢

金絲燕極少利用週遭環境提供的材料來築巢，因為雄金絲燕自行分泌的唾液就是最佳建材，而這就是人類食用的「燕窩」。當初燕窩是怎麼來到人類餐桌上的，確實不易考察，不過可以確定的是，首先食用燕窩的，必是居住在南洋沿海地區的人。

鳥巢

非洲棕櫚雨燕與巢

從外型上分辨雨燕和燕子的差異，有個簡略的方法，大部分的雨燕只有在喉嚨部位羽色較淡，其餘全身灰黑；而多數的燕子腹部是白色的，尾羽梢長。喜歡將巢築在棕櫚葉背面的非洲棕櫚雨燕也是全身灰黑，生殖時利用自己的唾液將蒐集來的羽毛、棉絮、植物碎片或獸毛黏成一個個小窩。雨燕鳥類在外型上都頗相似，但是若由巢來辨識就容易多了。

就是俗稱的「血燕」，人們曾心虛地以為是因為牠們一再築巢，唾液用盡而嘔血築成，其實那是巢被岩壁滲出的氧化鐵染紅所致。但無論如何，金絲燕通常需要33～41天才能建造一個巢，若是換算成我們人類吐出的口水，幾乎得累積二個大儲水桶才夠，如此辛苦的代價，我們怎忍心吃它呢！

雨燕科鳥類都是利用口水築巢的專家，但除了金絲燕的巢，其他多數雨燕的巢是沒有人吃的。雨燕的唾液如同燕子泥巢之泥土，具有凝結作用，然而雨燕卻沒有燕子殷勤，往

往幾片羽毛或幾根火柴棒大小的樹枝，就可以用唾液黏成一個窩；非洲棕櫚雨燕就在棕櫚葉的背面，以唾液將羽毛、碎葉簡單黏成一個小窩，所生的蛋也用唾液黏牢固定，因此即使在葉上隨風搖曳，也不會掉落。

鳳頭雨燕的巢，是世界上最小的鳥巢之一，牠不像一般雨燕群聚築巢，而是單獨在樹枝上，將樹葉碎片以唾液黏合，形狀剛好就是一顆蛋的大小，因此成鳥坐在上面孵蛋時，人們只會以為牠是停棲在樹枝上休息。

鳳頭雨燕與巢
鳳頭雨燕生殖時，以唾液和著植物或羽毛碎片，在枝幹水平處黏成一個小小的窩，巢中只下一顆蛋。此鳥在分類上獨立為鳳頭雨燕科，外型和雨燕科鳥類很容易分辨，由於習慣停棲樹上，在樹冠層覓食，又稱「鳳頭樹燕」。

鳥巢

洞穴開鑿專家

啄木鳥、五色鳥、翠鳥科鳥類、蜂虎科鳥類

　　有些鳥類不喜歡在光天化日之下築巢生殖，必須找一處幽暗隱蔽的地方，才能安心下蛋。自然環境中，樹洞、土洞、岩縫提供了較為隱蔽的地點，這類在洞穴築巢的鳥類，統稱為「洞巢鳥」。

　　洞巢鳥對於洞巢的選擇並不隨便，有的選擇特定的樹種，有的喜歡枯木，有的挑剔土壤砂質，也有的建立在蟻塚中，和螞蟻的分布息息相關。因為螞蟻可以提供防禦掠食者的效果，在蟻塚內築巢安全得多。

　　通常，洞巢會比樹枝上的「開放巢」來得安全。即使棲地環境不很理想，生殖的成功率也普遍大於開放巢的鳥類。因為洞巢既能遮風避雨，不易被掠食者捕食，也較少被其他鳥類托卵寄生。洞巢鳥的雛鳥比較晚熟，一般開放巢鳥類約9～11天第一次離巢，洞巢鳥卻到16～22天才第一次離巢，此時羽毛已經長得較完整，飛行比較沒問題。

　　洞巢既然好處多多，其他鳥類為什麼不也都築洞巢呢？這是因為鳥兒為了使用洞穴，在生理及行為上，都必須要有特別的適應方式。也就是說，洞巢鳥必須要有一對強健的腳爪，以便抓牢位於垂直面的洞口，例如善於在樹幹上行走的啄木鳥或茶腹鳾；此外，身體大小也會有限制，雖然也有如

大赤啄木與巢

想想看，如果森林中沒有了啄木鳥
會如何？單以啄木鳥所造的樹洞巢
來說，許多不會自己鑿洞的「次級
洞巢鳥」將難以找到樹洞來生殖，
其影響範圍可能擴及到許許多多的
森林動物，動物失去了生殖場所，
自然是件嚴重的事。

五色鳥與巢

不少人看見五色鳥也和啄木鳥一樣有啄木的行為，都認為五色鳥是真的在啄木，其實仔細觀察，五色鳥啄木的速度沒有啄木鳥快，因為牠們的鳥喙等形質構造本來就不是用來鑿洞的，五色鳥只能將枯木軟化的部分挖開，將原有的樹洞做些整理而已。

紅盔犀鳥與巢

亞洲的犀鳥和美洲產的巨嘴鳥同樣都有一張大嘴巴，也都在樹洞中生蛋，只是犀鳥還特別加了一道功夫，牠們會用泥巴、漿果混合自己的唾液及糞便，將巢洞口封閉，僅留一個小缺口，雌鳥自囚在巢中孵蛋，由雄鳥餵食。直到雛鳥孵化之後約兩星期，雌鳥破洞出關，這時由雌雄鳥一起餵食幼鳥。這種喜歡自囚的習性，據說可以減少被掠食的機會，但真正原因至今仍是一個謎。

鳥巢

犀鳥、雕鴞、金剛鸚鵡等大型的洞巢鳥，但多數洞巢鳥體型都不大，這樣才方便鑽洞。在行為上，築開放巢的鳥類生性就不喜歡鑽洞，連隙縫都不喜歡，因此，人工巢箱中也只能引來洞巢鳥。

洞巢也不全是有益無害，它較容易滋生吸血性寄生蟲，例如羽蝨、體蝨或跳蚤，在陰暗的洞巢中，清潔不是輕鬆的事，所以野生的犀鳥絕對不重複使用舊巢。

洞巢鳥中，會自己挖洞築巢的稱為「初級洞巢鳥」，例如啄木鳥；不會挖洞卻利用別人挖好或天然現成的洞穴來築巢的，則稱為「次級洞巢鳥」，山雀、貓頭鷹、鴛鴦都是這類的代表；五色鳥和鸚鵡雖然不鑿洞，但為了生蛋，仍會找一個洞穴。五色鳥雖然看似啄木鳥一樣地啄木，其實牠只能選擇枯樹，將洞穴鬆軟的部分移除，在洞穴裡外做些擴建修整的工作，對洞穴的利用，和鸚鵡一樣，算是介於初級和次級洞巢鳥之間。

初級洞巢鳥對森林的生態很重要，牠創造出來的洞巢不但能造福次級洞巢鳥，也嘉惠了以洞穴為巢的松鼠、飛鼠等其他動物；此外，啄木鳥還有「樹醫生」的美譽，對於害蟲的抵制有很好的效果。啄木鳥大多選擇枯木或枯枝鑿洞巢，因為枯木含水量低，不易發霉生蟲。啄木鳥不僅在樹上築洞巢，有的也會選擇在樹上的蟻窩、仙人掌、人類房屋的木牆上鑿洞築巢，在中國山東，甚至有綠啄木在林道邊的土堤洞穴內築巢的紀錄。

笑魚狗與巢雛

澳洲特有的笑魚狗喜歡
在樹洞築巢，英文名字
kookaburra來自於澳洲
原住民對牠們的稱呼。
據說，一般人只要聽見
笑魚狗的叫聲，也會跟
著笑了起來。

鳥巢

　　大部分的洞巢鳥並沒有啄木鳥那鑿子般的嘴喙，或是有如隱形安全帽的頭部防震構造，無法親自挖開堅硬的樹幹，除了接收啄木鳥用棄的「中古屋」外，有些鳥類就選擇土坡或蟻塚來做窩築巢，翠鳥和蜂虎就是這方面的專家。

　　翠鳥的領域性極強，早春就已在溪段做好了卡位，雖然平日過慣了孤獨生活，此刻起便要開始夫唱婦隨，一起尋找適當的巢位。巢位通常位於稍稍前傾的土堤壁面，選好之後，便開始嘴腳並用，挖出一條長約1～2公尺緩緩斜昇的地道，地道盡頭擴充加大成為產座，裡頭什麼也不鋪，就在這裡生蛋。全世界有90多種翠鳥科鳥類，大部分都自己挖地洞，但也有選擇在天然樹洞、樹上的蟻塚挖洞築巢的種類。

　　挖地洞築巢的蜂虎科鳥類，常是大群聚集生殖，牠們對巢位的要求比翠鳥高，例如土質含沙量要多、不能太潮濕、日照方位也很重視；所以，有限的巢位，對蜂虎來說是很珍貴的資源，領域性也就沒有翠鳥那麼強了。

黑頭翡翠與地洞巢

多數翠鳥的體型嘴大、頭大、腳小，羽色豐富，在大自然中是一種極易吸引人類目光的鳥類。不過，牠們築巢的地點卻保密到家，黑頭翡翠一發現掠食者出現在巢位附近，會刻意飛向掠食者，引起注目，然後導開掠食者。

鳥巢

栗喉蜂虎的群體地洞巢

全世界的蜂虎科鳥類約有25種，其中有7種是獨自挖地洞築巢，其餘都採取集體挖地洞的築巢方式。蜂虎對於地洞巢的選擇，受限於天候及地質環境，沒有適當的營巢地，牠們就不會進行生殖。每年夏天，在金門可見成群的栗喉蜂虎爲下一代而忙碌，因爲在金門有含沙量高且乾燥的沙質土壁地形，這是栗喉蜂虎喜歡的築巢地點。

鳥巢

力大無窮的搬運工
老鷹、鷺鷥、烏鴉等中大型鳥類、錘頭鸛

　　相對於小型鳥類所築的細緻窩巢，老鷹、鷺鷥、烏鴉等中大型鳥類的巢就粗獷多了，牠們的築巢技術主要是堆疊、壓實、再堆疊，除了一些猛禽及鸛鳥會添加些綠色枝葉以外，巢一點也不花俏，說穿了，只是一堆疊起來的樹枝。不過，要搬運粗枝上樹，沒有強大的肌耐力絕對辦不到，這些鳥兒真可說是鳥中的搬運工。

　　猛禽築巢，常是雄鳥搬來巢材，交由雌鳥安排，每年築一個新巢；有些體形較大的種類如雕、鵟等，習慣反覆使用舊巢。北美曾經有一對連續35年在同一棵樹上築巢的白頭海鵰，在經年累月不斷添加新枝的情況下，巢越來越大，也越來越厚，縱使成年男子站上去也壓不垮。

　　有的猛禽比較懶惰，會侵占喜鵲或烏鴉的巢。中國大陸的紅腳隼，會好整以暇地等待喜鵲將巢築好，然後大方地進駐，失去巢的喜鵲雖然不斷發出不平之鳴，但紅腳隼仗恃著喙尖爪利，完全置之不理，這種情況，早在《詩經》中就已描述：「維鵲有巢，維鳩居之」。所謂的「鳩佔鵲巢」，這個鳩字，指的就是紅腳隼。

　　鷺鷥不同於猛禽以腳搬運巢材，牠們大多以嘴揀拾搬運地上的枯枝，巢成平台型，粗枝大葉地架構在樹上，看起來

一點也不像巢；硬梆梆的枯枝，雖然無法像草莖、樹葉等利於編織，但也只有枯枝才能支撐牠們的重量。

　　小白鷺、夜鷺和黃頭鷺採取群聚生殖，單獨築巢的鷺科鳥類則有黑冠麻鷺、栗小鷺等。鷺鷥群聚築巢的巢區或休息過夜的場所，俗稱「鷺鷥林」，牠們對樹種並無偏好，反而是對樹的高度、大小有所要求，喜歡在9～13公尺的高度、直徑10公分以上的樹上築巢。

蒼鷺的巢與蛋
和多數鷺鷥鳥類的習性一樣，蒼鷺也喜歡集體營巢，巢建在溼地旁的大樹上，巢與巢之間的距離，相對於其他中小型鷺鷥而言較遠。巢材以樹枝為主，巢型淺盤狀，當季用完即棄置不再用。

體型和黃頭鷺差不多大小的錘頭鸛，鳥如其名，頭部形狀就像槌子，雖然中文名中有個鸛字，築巢習性卻與一般築平台巢的鸛鳥相去甚遠，在非洲撒哈拉沙漠以南、馬達加斯加島及阿拉伯半島的河流溪畔大樹上，往往可以發現錘頭鸛所築的球形大巢。

錘頭鸛雌雄共同築巢，得花1～2個月才完工，整個巢由約8000根粗細不等的樹枝構成，入口位於巢側，巢內部有隔

大冠鷲與巢雛
台灣山林叫聲最響亮的猛禽就是大冠鷲了。別看牠們粗枝大葉的，築起巢來一點都不含糊，以腳搬來大樹枝架在枝幹處，最後以嘴啣來小枝葉鋪在巢中間，因為大冠鷲寶寶像個小絨毛球，不好好呵護，怎麼行！

鳥巢

間、通道及產房，產房底部襯上泥土，巢高可達2公尺，厚實
如同一棟小型公寓，巢外部的空隙，有時會有其他鳥類搬來
居住；即使不在生殖季節，錘頭鸛還是會從各處搬來巢材，
不斷擴充規模，一個巢可以使用好幾年，眞是喜歡築巢。

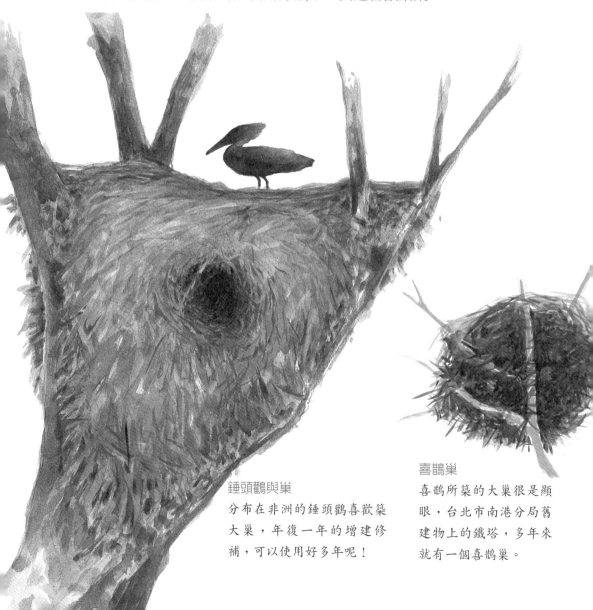

錘頭鸛與巢
分布在非洲的錘頭鸛喜歡築
大巢，年復一年的增建修
補，可以使用好多年呢！

喜鵲巢
喜鵲所築的大巢很是顯
眼，台北市南港分局舊
建物上的鐵塔，多年來
就有一個喜鵲巢。

第三章
有意思的巢屋

漂浮的水上搖籃

水雉、鷺鷉、小型的沼澤燕鷗、角秧雞、白冠雞、紅冠水雞

　　水鳥多在河邊、海岸峭壁或沼澤溼地築巢，通常距離覓食場所相當近，如果有掠食者靠近，也方便逃生。

　　水雉、鷺鷉及一些小型的沼澤燕鷗直接築巢在水面上；角秧雞、白冠雞則以腐爛的水草、沉木，由水底堆積起來作為基座，在上面築巢。在魚塭養殖場漂浮水面的水車上，有時可見紅冠水雞咬來幾條軟軟的水草，鋪陳出一個巢。四周被水圍繞，遠離陸地的巢，看起來安全得多，至少能完全阻隔陸地上的掠食者。

　　水雉都有一身凌波功夫，因為牠們擁有一雙長而奇特的腳趾，適合在蓮葉或浮水植物上行走，行動輕巧靈活，也善於游泳和潛水。由於吃、住都在水上，當然也在水面上築巢！水雉奉行一妻多夫，生殖季節中，雄鳥各據一方，妻子則自由地到處巡邏領域內的丈夫，並一一「臨幸」，然後在每位丈夫的巢內下蛋。水雉的浮水巢非常淺薄，有時候甚至淹沒到水面下，還好，牠們的蛋是防水的，即使浸泡幾次水也無礙孵化。

　　在中國，小鷺鷉又被叫做「王八鴨子」，因為牠們不但深諳水性，更比鴨子機伶，一受驚嚇立即潛入水中，歷時數分鐘；浮出時，有時只露出眼和嘴，讓人遍尋不著。和水雉

水雉與巢

領域性極強的凌波仙子，縱使身段再怎麼優美，遇上
入侵者，也會展現出好戰的個性，但通常是點到爲止
的爭端，還不至於將對方殺死。水雉家庭都是單親爸
爸加上幾個孩子，所以當你看到一隻正在孵蛋或是帶
孩子的水雉，那一定是雄水雉哦！

小鸊鷉與巢

撿拾水草築成的水面巢，彷彿是個天然的搖籃。小鸊鷉可說是
最寵自己孩子的鳥類，不只為剛產下的蛋準備舒適的巢窩，在
小寶寶孵化後，親鳥就帶著牠們在水中嬉戲，玩累了，小寶寶
可以爬上父母的背脊休息，將父母當成一隻船。因為牠們喜歡
吃魚蝦，為了讓小寶寶更容易消化，小鸊鷉父母偶有餵食羽毛
給小寶寶的動作，對於後代極盡呵護。

鳥巢

比起來，鷿鷈更是徹底生活在水中的鳥，牠們是腳趾有著瓣蹼的游泳健將，但因腳位於身體側後方，行走起來不很方便，所以出入巢時，也以類似游泳的方式進出。既然傍水爲生，巢材就以蘆葦莖、蒲草等水生植物爲主，在水面築一座平台式的浮巢，隨著水的漲落而起伏，猶如一葉扁舟。

隱藏在溼地草叢間的紅冠水雞巢蛋。

角秧雞是世界上最大型的秧雞，棲息在南美洲安地斯山脈的高山湖泊，生活習性和牠的親戚白冠雞一樣，傍水而生，築巢特性也是將巢築在水底堆積起來的基座上，位於水中央的巢，看起來像個浮巢，其實巢下另有機關。

由於體重較重，水草堆積而成的基座往往無法負荷，因此在築巢之前，角秧雞必須不斷撿拾石頭到水中，堆積出一個金字塔形的石造基座，然後基座上再以水生植物築一個平台巢，由於年年重複使用，巢材也越積越多，這個體積龐大的平台巢，一點也無法掩藏。

角秧雞與浮巢

全長約60公分的角秧雞，前額因長有黑色肉垂，而有此名稱，牠們是世界上體型最大的秧雞，族群小，生活在南美洲3000~4000公尺的高山湖泊。

我家就是你家

社會織巢鳥、和尚鸚鵡、仙人掌啄木鳥和姬鴉

社會織巢鳥的荒漠旅店

　　鳥會築巢不稀奇，但由一群鳥共同建築「公寓大廈」就少見了，生活在南非喀拉哈里沙漠的社會織巢鳥，築的就是這種群聚巢（colonial nests，或聚集巢）。雖然同屬於織巢鳥家族的一員，但築巢技術卻不同，不像織巢鳥的撕、扯、拉、穿、結，社會織巢鳥只是將巢材「插」在一起，積少成多後，往往就像一座掛在樹上的巨傘，工程浩大，讓人歎為觀止。

　　這座公寓大廈由所有居住成員共同維持，包含了30至100個巢室，可提供約400隻鳥，內部結構就像蜂窩，站在樹下往上看，可以看見許多通往巢室的入口。牠們共同居住，行合作生殖，相親相愛的程度堪屬鳥中異類，不僅哥哥姊姊會幫忙餵養弟妹，甚至還會照顧鄰居的小孩！小孩長大後，也不會被趕出家門，頂多搬到新蓋的巢室去居住。

　　這種群聚巢，遠看起來會以為只是一團雜亂的稻草堆。不過，有的群聚巢，已歷經一個世紀之久，重量足以壓斷支撐的樹幹。這個看似雜亂的龐大草堆，構成其實還是有它的規則。牠們用較大的細枝蓋屋頂，乾草葉用來隔間；具尖端部位的草莖則佈置在入口通道，以防蛇類等掠食者；巢室是

鳥巢

非洲小隼

社會織巢鳥與巢

一代、二代、三代，一個社會織巢鳥的群聚巢，可能有
好幾代都是這麼住在一起，一起吃住，一起警戒，一起
找尋食物，一起分享，每隻鳥也熱心地修補群聚巢，真
是團結力量大！難怪牠們的巢可以經歷自然嚴酷的考驗
而越行壯大。而這個大型的荒漠旅店，也是其他鳥兒會
來下榻休息的歇腳處，甚至勇猛的非洲小隼，還會充當
臨時警衛，真是好房客。

鳥巢

生兒育女和睡覺的地方，一般襯以柔軟的葉子、棉絮、獸毛或羽毛。

在氣候嚴酷的沙漠裡，群聚巢不但防雨，且白天通風涼爽，夜晚還能防寒保溫。這樣一個舒適的所在，常常吸引其他鳥類如斑擬啄木、桃面愛情鳥、非洲小隼混進來休息、過夜或生殖，甚至大型鳥類如鸛，有時也會下榻巢頂歇息，因此，群聚巢有時就像一座荒漠旅店，鳥來鳥往，熱鬧異常。

仙人掌啄木鳥的優質房客

不同種鳥類也會共用一個巢，其中最令人訝異的應該是仙人掌啄木鳥和姬鴞的關係了。美國德州至墨西哥一帶的沙漠地區，由於缺乏天然樹洞，對洞巢鳥而言，巢穴彌足珍貴；然而，姬鴞不會鑿洞，只好住到仙人掌啄木鳥的洞巢中。為何仙人掌啄木鳥願意容忍姬鴞呢？原來，牠們之間默默進行著一場利益交換。

姬鴞會活捉一種盲蛇放進洞巢，由於洞巢底層潛藏了許多鳥類寄生蟲及小昆蟲，正是盲蛇的食物，如此，盲蛇不但住進了溫暖的洞巢，同時擁有不找自來的佳餚。白天，仙人掌啄木鳥出外覓食，姬鴞留在巢內睡覺顧家，夜晚則換成啄木鳥顧家，姬鴞出外覓食。啄木鳥提供洞巢出租給姬鴞，姬鴞則以盲蛇為

盲蛇

仙人掌啄木鳥與姬鴞

姬鴞帶著盲蛇住進了仙人掌啄木鳥的家，牠們三者都利用了這個巢，也發揮了自己的功能。目前只發現姬鴞與東方鳴角鴞會利用盲蛇來清潔洞巢。盲蛇一般在潮濕的腐植土或草堆中生活，有時會被牛連草一起吞進去，但在牛反芻時，往往又從牛的鼻子鑽出來，所以又稱「牛鼻鑽」，由此可見，盲蛇生命力之強韌。盲蛇也是小型貓頭鷹的食物之一，會被攜帶回洞巢中，一般推測，是沒被殺死的盲蛇，逃過劫難後，便在洞巢內住了下來，從此負責巢內的除蟲工作。

租金，為住居減少寄生蟲的侵擾，是非常奇妙的互利共生。

和尚鸚鵡和牠的惡鄰居

和尚鸚鵡也是以築群聚巢著名。牠們原本生活在南美洲，由於適應環境的能力強，喜歡群體活動，容易馴服飼養，因而出現一些逃逸個體。逃逸者已在美國和西班牙建立起野生族群，且擴散速度快，很可能和當地原生鳥類競爭食物而造成危害，如今就連建築物、高壓電塔，也常因和尚鸚鵡在上面築巢而跳電。

和尚鸚鵡是一夫一妻制，但會群體合力構築一個大巢，築巢的高峰期雖在生殖季之前，但平常也會做些修補。群聚巢包含幾個巢室，每個巢室都住著一對鸚鵡，巢室除了供生殖，也是夜晚睡覺的場所。

大部分的鸚鵡都是洞巢鳥，自然環境中，樹洞的多寡、分布，常是影響鸚鵡族群數量消長的因素之一。和尚鸚鵡啣枝築巢，是鸚鵡中的異類，也因此能不受樹洞多寡的影響，唯一可以控制牠們族群的，是惡鄰居——斑翼花隼。

和尚鸚鵡的群聚巢很容易「招蜂引蝶」，招來的往往就是斑翼花隼。由於大群的和尚鸚鵡有足夠的抵抗力，斑翼花隼通常會選擇小群的群聚巢寄居，將和尚鸚鵡列在菜單中，多數時候，和尚鸚鵡儘管敢怒敢言，卻又莫可奈何；反觀社會織巢鳥與非洲小隼的關係，就溫馨多了，因為非洲小隼很少捕食社會織巢鳥，有時還充當警衛，算是好鄰居。

*　　*　　*

另一種比群聚巢更能彰顯合作精神的是公共巢（communal nest），也就是同種多對鳥共用一個巢。這種鳥巢，大多爲合作生殖的鳥類所築，例如冠羽畫眉、溝嘴犀鵑、圭拉鵑，及第二章提到築泥巢的使徒鳥、白翅擬鴉等。

繁殖季節，冠羽畫眉會集結成群，成員有數對成鳥，雖然個體間有階級，但每個成員的生殖機會很平均，大家共同築巢，在同一個巢內產卵，雛鳥除了親生父母外，還有幾位義父義母，這種方式，在鳥類中非常罕見。

生活在熱帶美洲的溝嘴犀鵑，也採合作生殖，雌鳥們在同一個巢內產蛋，最多可達30顆，擠得不得了。由於巢內空間有限，爲了保障自己的蛋順利孵出，雌鳥之間，鉤心鬥角的情形很嚴重，常將別人的蛋偷偷踢出巢外，或推擠埋入巢的最下面或最旁邊，自己生的蛋則安排在中央，爭奪最容易照顧的位置。

溝嘴犀鵑
團體生活中總是難免發生衝突，即使是行合作生殖的溝嘴犀鵑，雌鳥之間因爲鉤心鬥角而發展出的「踢蛋」行爲，確實引人好奇。

和尚鸚鵡與巢

由於適應能力強，和尚鸚鵡可以在許多地方築
群聚巢，舉凡森林、農地、草原、沙漠，甚至
都市等，都可以發現牠們的巢窩。和尚鸚鵡的
群聚巢往往越蓋越大，不過和社會織巢鳥不同
的是，如果食物資源越來越少，部分的和尚鸚
鵡就會搬遷出去，另覓他方重起爐灶。

台灣藍鵲育雛

在台灣，行合作生殖的鳥類有台灣藍鵲和冠羽畫眉，不一樣的是，台灣藍鵲的合作生殖是「巢邊幫手制」，也就是說，上一窩的哥哥姊姊，會留下來幫助父母養育下一窩的弟弟妹妹。我們時常看見一群藍鵲在山林間嬉戲，很可能就是同一個家族。近幾年，或許是保育觀念的普及，我居家旁邊的樹林，常年有一群藍鵲活動，牠們的巢則遠在樹林的另一邊，巢由一根根大小樹枝構成。

冠羽畫眉

在台灣，冠羽畫眉是唯一多對夫妻（通常2～4對）共同參與築巢生殖的鳥類，牠們一起築一個小小的杯型巢，將所有蛋下在一起，並且共同孵育，子代長大之後便遷播出去，不會像台灣藍鵲一樣留下來幫助父母生殖下一窩。

鳥巢

大家一起來造鎮

多數海鳥、紅鶴、鷺鷥、蜂虎、黃頭黑鸝

　　鳥類要找到符合築巢條件的地點已經不容
易，對於習慣集結成群，一起活動、生殖的鳥類
來說就更難了。因此，在僧多粥少的情況下，若
發現好的營巢地點，附近又具備充足的食物，勢
必吸引群鳥前來「群聚築巢」。

　　社會織巢鳥、和尚鸚鵡的群聚巢全年皆可
使用，群聚築巢（colonial nesting）鳥類的巢則
不同，通常只用一個生殖季而已。鳥類中，約有

長嘴沼澤鷦鷯

黃頭黑鸝與長嘴沼澤鷦鷯，都在沼澤區的
蘆葦叢內築巢生殖，但是長嘴沼澤鷦鷯比
較兇悍，時常破壞黃頭黑鸝的巢蛋，因此
黃頭黑鸝就以群聚築巢的方式，共同來抵
禦長嘴沼澤鷦鷯的攻擊。

13%採用群聚築巢，例如多數海鳥、紅鶴、鷺鷥、蜂虎或某些燕子。

共同防禦也是群聚築巢的原因，例如黃頭黑鸝，牠們在加拿大曼尼托巴省（Manitoba）沼澤地區築巢，卻受到長嘴沼澤鷦鷯的攻擊，長嘴沼澤鷦鷯除了會破壞牠們的巢，甚至還殺死雛鳥，黃頭黑鸝因此不得不聚集起來築巢，仗著「鳥」多勢眾，團結禦敵。

若將一座小島上所有群聚築巢鳥類的巢區視為一個大鳥巢，那麼，對於一次只能養育1～2隻雛鳥的海鳥來說，群聚築巢和合作生殖、築公共巢的鳥類，有著異曲同工之妙，都是依靠群體力量來延續族群的命脈。

群聚築巢的好處與缺點

【優點】
1. 鳥兒置身群體較安全，不易被掠食者捕食。
2. 較容易偵測到掠食者。
3. 有較大的生殖成功率，因為在同時間內產生大量的蛋或雛鳥，已經超出掠食者一日所需的食物量，如此犧牲少數的蛋或雛鳥，卻保障了大多數。因此，同步生殖可以說是群聚築巢鳥類重要的生殖策略。

4. 外出覓食時，鄰居也擔任了警戒掠食者的角色，比單獨築巢安全。
5. 群體生活更容易找到食物資源。

【缺點】
1. 容易引起掠食者的注意。
2. 巢位有限，競爭激烈。
3. 巢與巢緊鄰，彼此頻繁竊取巢材。
4. 相互競爭配偶，若是個體無法配對，有時會去干擾其他鄰居，對已配對的鳥兒造成嚴重的生理干擾，例如延遲下蛋。
5. 寄生蟲或病菌傳播迅速。

信天翁群聚巢

信天翁是最大型的海洋性鳥類，壽命可達40～60歲，牠們行一夫一妻制，可謂鶼鰈情深，除非另一半死去，否則不輕言分離。信天翁擁有極佳的飛行能力，陸地上卻非常笨拙，一年之中，只有生殖築巢的階段，才會停留陸地較久的時間。

自己打造孵蛋器

塚雉

　　早先，歐洲移民及航海探險者發現塚雉的土塚，都以為是原住民孩子遊戲時堆積出來的堡壘，或者以為是原住民的墳或貝丘等等。直到1840年，塚雉獨一無二的生殖方式，才被吉爾貝特揭了開來，這位實事求是的博物學家，扒開一堆堆塚雉巢後驚呼，原來裡面埋的全是鳥蛋！

【註】吉爾貝特（John Gilbert）：英國人，曾經與鳥類學家古爾德（John Gould）共事。吉爾貝特一生熱愛探險，喜歡鳥類，對澳洲鳥類的描述更是鉅細靡遺，據說，他擅闖塚雉的「下蛋場」，被氣憤的原住民發現後，因為溝通不良，竟在原住民的矛箭攻擊下送命。

　　塚雉和雞來自共同的祖先，牠們都在地面營巢，唯一不同的是，塚雉不照顧蛋和雛鳥，牠們將蛋交給大自然處理。

【註】塚雉是特別的雞形目鳥類，約有19種，屬於塚雉科，侷限分布在新幾內亞、所羅門、萬那杜、東加等西南太平洋島嶼以及澳洲，除了眼斑塚雉生活在半乾燥的桉樹林以外，其他多數棲息在靠海岸邊的熱帶潮濕森林。

　　其實，在西方地理大發現之前，塚雉和當地原住民的關係早已相當密切，尤其是生活在火山附近的塚雉。原住民取

巢剖面

塚雉蛋食用，或者拿到市集販賣，有的原住民家族更擁有特定的塚雉下蛋場，幾個世代下來的經營管理，不曾有一隻塚雉會被射殺，他們的目的只為蒐集鳥蛋，維持民生。

　　體型和火雞相彷的塚雉，所生的蛋卻大得多，一般鳥類蛋黃的比重最大到50％，塚雉蛋則達60％至70％。塚雉屬於超早熟鳥類，小塚雉一孵出，全身羽毛便已長齊，除了能自行覓食、調節體溫外，為了逃離掠食者的追捕，甚至已經可以短距離飛行，牠們註定生下來就不會有父母親的照顧，必

眼斑塚雉築巢

說牠是「挖土雞」也不為過，因為塚雉有著一雙粗獷強健的腳爪，築塚巢可說輕而易舉。塚雉對於溫度極其敏感，臉部裸露的皮膚可測出塚巢內的溫度過高或是過低，且不時須以雙腳扒開塚巢、回填、再扒開、再回填來控制溫度，直到小塚雉孵出。為什麼要如此繁複呢？因為牠們的蛋必須藉由自然環境提供的熱量來孵化，不在旁邊時時監測怎麼行。

須自力謀生。

　　雖然不照顧下一代，一夫多妻制的塚雉爸爸，除了孵蛋上煞費苦心，在塚巢的營造及維護上，往往也較雌塚雉花費更多的力氣。

　　雄塚雉以腳爪在地面挖洞，挖出大坑後，便堆積枯枝落葉到坑內，直到高出地面約1～2公尺，甚至達3公尺。堆積好的塚巢，經過雨水以及陽光的洗禮，內部便開始腐爛、發酵，當發酵熱度約達32.7°C時，雄鳥便在塚巢頂處挖出一個巢室，讓雌鳥生蛋；每隔1～2天，雌鳥便生一顆蛋，一個塚巢可容納約35顆蛋，待所有雌鳥生完蛋，雄鳥便將巢室以砂土掩埋。

　　雄塚雉雖然能蓋出有如孵蛋器的塚巢，但由於腐植質持續發酵，塚巢溫度也隨之昇高。此時，牠的角色便由塚巢工程師轉換為溫度監控員。雄塚雉頭頸部的裸露皮膚能感應溫度，溫度太高，牠會扒開砂土，散發熱量；若溫度漸低，便把砂土堆回，這樣來回地扒開、回填，便能使溫度始終維持適當。

　　生殖棲地靠近火山地區的塚雉，雖然也挖地洞、蓋塚巢，卻能利用火山地熱及日照的熱量來孵蛋。根據紀錄，雄眼斑塚雉平均四個月建造一個塚巢，孵蛋期則長達50～90天，整個生殖季約可生產2～3窩；也就是說，雄眼斑塚雉一年中有7～8個月在維持塚巢溫度，讓蛋孵化，真是辛苦啊！

芳療師與逐臭夫

藍山雀、歐洲椋鳥、戴勝、橫斑梅花雀

　　燕雀目和鸚形目鳥類嗅覺雖然較弱，但都有好的嗓音，燕雀類（例如雲雀、鷦鷯）善鳴，尤其雄鳥，求偶季節唱出的婉轉啼曲，是春天不可或缺的歌手，而鸚鵡的聲音學習能力，更是鳥類中的翹楚。

　　不過在一些實驗中，即使是嗅覺較弱的燕雀鳥類，也能依據氣味找到食物，例如經過訓練的藍山雀，可以分辨出有薰衣草氣味的餵食器；喋喋吸蜜鸚鵡也能夠經由氣味，分辨出摻有蜂蜜水的餵食器。

　　然而自然環境中，能利用嗅覺尋找食物的，多半出現在非燕雀目的鳥類，著名的有幾威鳥（kiwi）、兀鷹或海鳥：

幾威鳥的視力和飛行能力均已退化，但靠著優異的嗅覺仍存活下來，牠在森林地面覓食，也在地面的淺凹處下蛋。

鳥巢

另外，也有研究發現，遠方的鴿子，可以靠著嗅覺來幫助定位，尋回住地。但是，最引人入勝，也最奇妙的是，有些鳥類專門尋找散發強烈氣味的芳香植物來築巢。

藍山雀是洞巢鳥，從生蛋到幼鳥離巢，會持續添加新鮮的薰衣草、薄荷、鼠尾草、西洋蓍草等芳香植物到洞巢，這些被應用為巢材的芳香植物，含有抗菌成分，所以能幫助雛鳥抵抗有害細菌。藍山雀的生活環境，至少生長有200種植物，但被用來築巢的只有10種，而且全都是芳香植物，即使研究人員將洞巢中的芳香植物移走，牠們仍會不斷添加。甚至有的藍山雀只喜歡某種植物，牠們會憑著嗅覺來補充芳香植物的多寡。

藍山雀常用的芳香植物──鼠尾草。

藍山雀的洞巢
並不是說這些會蒐集芳香植物來築巢的鳥類，就非得要芳香植物不可，從許多觀察得到的紀錄都發現，這些鳥類中的芳療師，在生活週遭的環境中，原本就有許多芳香植物生長著。藍山雀也許是第一個發現芳香植物好處的鳥類，牠們還有對部分芳香植物的偏好呢！

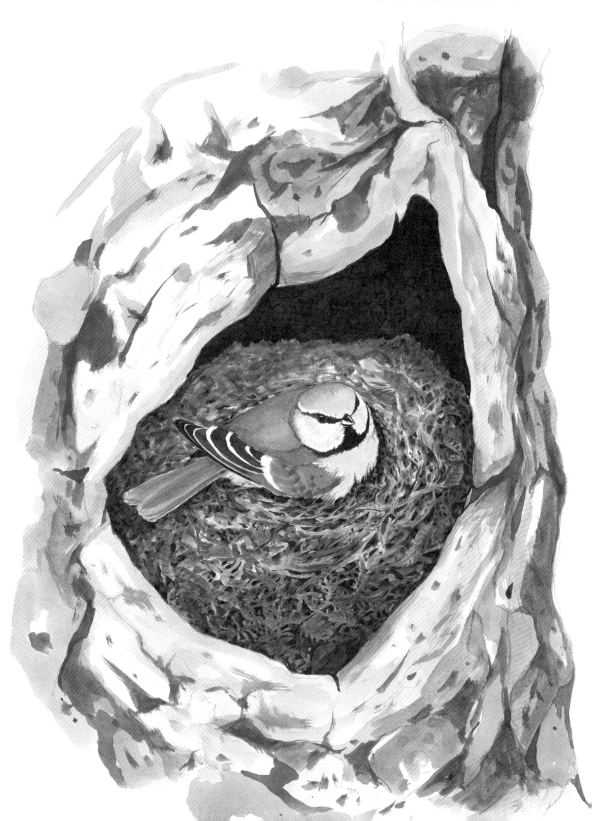

鳥巢

除了藍山雀之外，歐洲椋鳥是另一種被觀察到較常利用香草植物來築巢的鳥類。

　　歐洲椋鳥是另一類洞巢鳥，築巢時也會添加芳香植物。不過，牠和藍山雀不一樣，巢材僅由雄椋鳥攜回，根據觀察，堆放越多芳香植物的洞巢，越能獲得雌鳥的青睞，因此，也可以說，椋鳥利用芳香植物是為了求偶。

　　人類利用芳香植物已有幾千年，主要是用於氣氛的營造（薰香）、食材、驅蟲或醫療，但鳥類為何也偏好芳香植物呢？科學家提出了三個觀點：

　　1.芳香植物可以殺死或抵禦巢內的寄生蟲。

　　2.芳香植物的揮發性物質可以刺激增強雛鳥的免疫功能。

　　3.雄鳥蒐集越多芳香植物，越能獲得雌鳥芳心，進而增加交配機會。

　　添加綠色植物或芳香植物，有不同的功用，會重複使用舊巢的猛禽或鸛鳥，雖然築開放巢，有時也會找來綠色植物放置巢內，不過這可能是為了遮蔭、增加溼度、偽裝或裝飾。不過，洞巢鳥比開放巢的鳥類更喜歡添加新鮮的綠色植物，至於偏好芳香植物的鳥類，除了生活環境中必定充滿了這些植物，也許它的起源是在一次偶然的機會，發現了芳香植物的妙處吧！

　　和人類一樣，鳥中也有逐臭之夫。戴勝在中國有「臭婆娘」之稱，牠們在樹洞、岩縫或人類房屋的屋頂縫隙築巢，巢穴污穢髒臭。生殖期間，戴勝從不在意巢內衛生，往往堆積了大量的雛鳥排遺，加上雌鳥尾脂腺的分泌物，巢洞內隨時瀰漫一股發霉似的氣味；然而，對戴勝來說，「臭味巢」或許對於防禦掠食者，具有一定效用吧！我曾在金門鄰海的老房子檢視一個戴勝的巢穴，雖然雛鳥已經離巢，但掀開片片屋瓦前，因為久聞其「臭名」，心中不免七上八下，而那次的經驗，果然印證了「臭婆娘」確實名不虛傳。

戴勝

金門臨海廢棄民宅的屋頂縫隙間有戴勝築巢，牠正叼回食物準備餵雛。戴勝、麝鴨及水薙鳥所到之處，散發著強烈氣味，具有保護巢窩、吸引伴侶、標示的作用，這種氣味來自尾脂腺分泌物。尾脂腺又稱尾腺或羽脂腺，是鳥類尾基部背面的一種皮膚衍生物，它能分泌脂肪性物質，鳥類在理羽時，用喙將此分泌物塗抹在羽毛上，有助防水。

鳥巢

橫斑梅花雀是非洲草原上的嬌小鳥類，體型和綠繡眼不相上下，也是逐臭之夫，為了避免巢窩被掠劫，從築巢到幼鳥離巢，牠不斷蒐集肉食動物的排遺，放進巢內或塗抹在巢的四周。據實驗觀察，有肉食動物排遺的巢窩，的確減少了被掠食的機會。梅花雀為了順利撫養下代，忍一時之臭也是值得。

管鼻目鳥類（海燕）顧名思義，管鼻目鳥類就是一群在上喙鼻端有一短短小小的管狀構造的海鳥，例如海燕、信天翁。

鳥中的「好鼻師」，除了以腐肉維生的兀鷹外，許多海鳥也不遑多讓，尤其是信天翁、鸌鳥、水薙鳥等鸌形目鳥類，牠們在嘴喙上均有明顯的短管鼻構造，嗅覺能力強，所以又稱管鼻目鳥類。牠們完全以海為家，一生難得上陸地歇息，回到陸地，只為了築巢生殖。此外，許多以地洞為巢穴的水薙鳥，可以在完全黑暗的夜裡回到自己的洞巢，依靠的也是嗅覺。

鳥類嗅覺專家的發現

克拉克（Larry Clark）博士是美國專研鳥類嗅覺的專家，他檢驗歐洲椋鳥洞巢內的芳香植物對吸血寄生蟲的影響，結果發現，只要將芳香植物移走，吸血寄生蟲的族群數量便會急劇上升。 他也曾調查北美137種燕雀鳥類的築巢習性，發現近半數的次級洞巢鳥都會再利用洞巢，也會在洞巢內添加新鮮的綠色植物；築開放巢的鳥類，則多無此習性，也不會使用舊巢。重複使用的洞巢容易滋生寄生蟲，為了確保雛鳥健康，才會添加新鮮綠色植物。

多功能樣品屋

鷦鷯

　　鳥類築巢很辛苦嗎？築一個巢得耗費多少能量？築大型的鳥巢比小型的鳥巢還累嗎？鳥類花多少精力在築巢上？這些細節向來較少被探究。相較於生蛋、孵蛋、育雛，築巢所耗費的能量其實無足輕重。一般來說，餵養雛鳥所消耗的能量，往往是築巢的千百倍呢！

【註】美國學者惠瑟斯（Philip C. Withers）曾經估算，崖燕7天築一個巢，須消耗122千焦耳（約29.2大卡，比一個牛肉漢堡的熱量還低），這與覓食餵養雛鳥的精力，根本無從比較！

　　鳥巢看似複雜，但以放大鏡或顯微鏡觀察，巢材間其實只以簡單的方式互相搭結。雖說如此，一般鳥兒也不會沒事就築個巢，築巢多半有目的，像是為了生蛋、睡覺或求偶。

　　築巢當然與求偶、配對有關，築巢能力也是擇偶的條件之一。尤其對某些雌雄外型相似的鳥類來說，雄鳥的行為特徵，通常會影響雌鳥的配對意願，例如雌鳥會以雄鳥所築的巢的大小、數量等等，來判斷雄鳥夠不夠強壯，或是雄鳥的領域品質夠不夠好，這種現象，在溫帶的鳥類特別明顯，鷦鷯就是很好的例子。

　　鷦鷯科鳥類，全世界約有79種，只有鷦鷯同時分布在舊大陸及新大陸。家族中的一些成員，如鷦鷯、鶯鷦鷯、長

鳥巢

嘴沼澤鷦鶯等，生殖季節一到，雄鳥便會在領域內建築6至12個巢窩，牠們就像在自己的建築工地裡，蓋出一幢幢美麗的樣品屋，巢越多越容易博取雌鳥歡心。雌鳥可以在各個雄鳥的領域內，光臨每個樣品屋，若喜歡某個巢，便與該巢的雄鳥配對，之後，雌鳥開始添置家俱（巢內襯）。唯有被雌鳥青睞的樣品屋，才算成了真正的巢，雌雄會在此巢共同養育下一代。不過，在台灣的鷦鶯科鳥類，由於目前尚無人研究觀察過，並不清楚是否有類似的行為。

麟胸鷦鶥
台灣的麟胸鷦鶥，外型及生活環境雖然類似鷦鶯，但非鷦鶯，牠屬於畫眉科鳥類，兩者在外型上容易讓人混淆。

　　鷦鶯堪稱原野歌王，體型嬌小卻精力充沛，生殖季節不但唱出嘹喨歌聲，還能快速建築許多鳥巢，一點也不費力氣。巢築好了，仍精力旺盛，時而糾纏他種鳥類，把別人的蛋啄破或殺死雛鳥，即使同類間也互相殘殺，如果光看外型，或者聽其美妙歌聲，很難想像牠們有如殺手般的殘暴。

　　雖然愛搞別人的蛋，鷦鶯也得防著被別人搞蛋，那些沒能使用的空樣品屋還有剩餘價值——唱空城計以欺敵，總是能讓掠食者或其他殺氣騰騰的鷦鶯撲個空。

鷦鶯與巢雛
要說鳥小志氣卻不小的鳥類，我想非鷦鶯莫屬了。牠們的鳴唱實在嘹喨，生殖期的個性也十分強悍，是一種外表不起眼，但令人印象深刻的鳥類。

鳥巢

長著羽毛的畢卡索

園亭鳥

　　18世紀前，印尼群島的新幾內亞、爪哇、蘇拉威西、婆羅洲都還是化外之地，除了航海商人到達的港口外，內陸仍蒙著神秘面紗。這裡擁有世上最大的生物歧異度，鳥類總數佔了全世界的17％，直到近幾年仍有新的鳥種被發現。鳥類中，天堂鳥和園亭鳥最具代表性，得天獨厚的環境，讓牠們在演化的舞台上，演出令人讚嘆的生命之舞，尤其那獨特的求偶方式。

　　園亭鳥是最不可思議的建築師，但雄鳥建造的建築傑作──亭巢，卻只是為了展現牠的才華，單純是吸引雌鳥來交配，並不用來養兒育女，牠是極度自戀的鳥類，卻也是鳥中的超級藝術家。真正築巢、孵蛋、育雛等工作，還是落在雌鳥身上。

　　美國學者戴蒙德教授（Jared Diamond）在1972年前往印尼研究園亭鳥，他曾經形容園亭鳥是「長著羽毛的畢卡索」，可見，園亭鳥創造出來的亭巢該是何等讓人驚歎！

　　散置在森林地面的亭巢，曾讓早期的西方人誤以為是

冠園亭鳥與展示場

外型樸素的冠園亭鳥，往往建築出誇張華麗的求偶展示場，在幽靜的森林地表，展示場十分鮮明，如果我是一隻雌鳥，也一定會好奇駐足吧！

鳥巢

當地原住民的居住裝飾，怎麼也想不到竟然出自於鳥類的創作。即便真相被瞭解之後，園亭鳥依舊神秘，對於牠們美輪美奐的亭巢，連向來嚴謹的科學家，都不禁說出雄園亭鳥「具有美感」、「懂得休閒消遣」等非科學角度的判斷描述。直到澳洲鳥類學家馬歇爾（A. J. Marshall）花了20年研究，在他出版的《園亭鳥——其展示行為及生殖週期》書中才指出，受到激素控制的雄園亭鳥，其實和其他雄性鳥類沒什麼不同，亭巢的建築只是牠本能的展現，與「審美觀」沒有任何關係。

不同的園亭鳥築不一樣的亭巢，羽色亮麗鮮明的種類，通常會築較簡單的亭巢；反之，複雜的亭巢則多半是羽色樸素的園亭鳥所築。

亭巢的樣式大約可以分為「步道式」及「花柱式」兩種。步道式亭巢有一條長形步道，主要由小樹枝、小石頭或苔蘚構成，步道兩側以樹枝、草莖等佈置成兩道門柱，在步道的一端，聚集了許多蒐集來的鮮豔花朵、漿果、甲蟲殼、骨頭、羽毛、蘑菇，或人類的物品如鈕釦、湯匙、銅板等

紫背園亭鳥與展示場

外型亮麗的紫背園亭鳥，亭巢的建築技巧比外型樸素的園亭鳥遜多了，幾根樹枝便完結了事。不過他們還有其他吸引雌鳥之能事，例如大聲鳴唱、舒張羽毛、興奮地在走道來回的求偶舞蹈，有時獻上一顆珍果，看在雌鳥眼中，一定非常性感吧！

鳥巢

等，這是雄鳥大跳艷舞的舞台，而舞台的方向也極其講究，例如緞藍園亭鳥，就喜歡西北向的舞台。

花柱式亭巢通常有一根或數根長條直立式木柱，木柱上有的黏著許多小樹枝，以木柱爲中心，在周圍環繞裝飾各色蝸牛殼、果殼、新鮮的花朵、小枝條等物，木柱底下鋪上苔蘚地毯，有時會在地毯上塗黑色的物質，雄冠園亭鳥便在這裡吸引雌鳥。

園亭鳥的亭巢，功能其實和雄孔雀美麗的羽毛一樣，雌園亭鳥會根據雄鳥所築亭巢的外觀，來決定是否和牠交配，亭巢越是誇張華麗，代表雄鳥能力越好，越能刺激雌鳥與牠配對！

在寂靜幽遠的雨林裡，雄鳥之間競爭激烈，如果不搬出十八般武藝，就不能擄獲芳心，即使誇張華麗的亭巢，容易引來虎視眈眈的掠食者，雄鳥也義無反顧，寧願花下死，也要風流。雌鳥交配完畢，就尋找地方，獨自築個淺淺的杯形巢，孵蛋、育雛一手包辦。

美國馬里蘭大學波吉亞教授（Gerald Borgia）的研究小組還發現，緞藍園亭鳥的雌鳥在選擇丈夫的品味上，有老少之分，年輕的雌鳥也許經驗不足，易被雄鳥的華麗建築誘惑，注重的是亭巢的裝飾；而年長的雌鳥也許看多了，反而比較在意雄鳥的求愛舞蹈。爲了大小通吃，雄園亭鳥真是辛苦啊！

人工巢箱的利與弊

　　最初可能是因爲人們不想把鳥養在籠子裡，鳥類食餌台、人工巢箱等吸引鳥類的設計，因此應運而生；據說人工巢箱是由德國鳥類學家貝爾拉普施（Hans von Berlepsch）提倡發明的，這些人爲設計不只拉近了人鳥距離，對於鳥類保育也頗有貢獻，因人工巢箱而起死回生的東藍鴝，就是舉世皆知的典範。

　　18世紀初，椋鳥和家麻雀由歐洲傳入北美，牠們非常適應新環境，且繁殖迅速，很快就對當地的鳴禽造成威脅，影響較大的就是東藍鴝。在北美，東藍鴝曾經和知更鳥一樣普遍，然而，遇到同樣利用天然樹洞築巢的椋鳥，洞巢資源立即被搶，兇悍的椋鳥族群日益增多，霸佔了洞巢不說，有時還將已下蛋或有了雛鳥的東藍鴝趕走，並殺死牠們的雛鳥。

　　到了19世紀初，東藍鴝族群量已衰退了近90%，

人工巢箱防止掠食者的裝置
人工巢箱不見得比較安全，有時因爲目標更明顯，反而容易受到掠食者的覬覦。如果要設置人工巢箱，可以在巢箱下方的枝幹裝上金屬圍圈，防止老鼠或蛇的接近。

鳥巢

滅絕態勢岌岌可危。幸好，澤仁尼（Lawrence Zeleny）博士於1978年創辦了北美藍鴝學會（North American Bluebird Society），致力東藍鴝族群的復育，而他所使用的秘密武器就是人工巢箱。

什麼鳥類喜歡人工巢箱？前面提過，洞巢鳥都可能是人工巢箱的愛用者，像是森林裡的山雀、貓頭鷹、啄木鳥、鸚鵡，或某些以樹洞爲巢的雁鴨，如鴛鴦、木鴨、秋沙。但同一種形式的巢箱不一定適合所有的洞巢鳥，巢箱的設計、放置的環境、位置或時間，也會影響鳥類的使用效果。因此，必須針對鳥種特別量身設計，例如東藍鴝的巢箱，除了尺寸必須符合牠使用，爲了防止椋鳥的競爭，入口不能太大，最好爲橢圓形，因爲要是入口太大太圓，椋鳥身體便容易進入；而爲了防止家麻雀，箱外不能有棲枝，因爲家麻雀較難直接從空中停棲在洞口，當然放置的場所也不能靠近人類的居住環境。

雖然人工巢箱和天然洞巢仍有很多差異，也可能改變鳥

東藍鴝與人工巢箱
東方人向來視鴛鴦爲愛情專一的象徵，事實上，鴛鴦是性行爲混亂的鳥類。東藍鴝則被西方人視爲愛情專一的象徵，然而，別看東藍鴝一夫一妻的關係中，夫妻合力撫育下一代的恩愛模樣，實際上牠們也會偷情，在人工巢箱的實驗觀察發現，平均一對東藍鴝所撫養的後代中，竟有15%～20%不是雄鳥的親生子代。

鳥巢

類的行爲，但對於棲息環境遭破壞，洞巢資源不足的鳥類來說，仍不失爲一種補救方法。在森林中，看著鳥兒進出人工巢箱，爲了生養大計而忙碌，很少人不被感動。但人工巢箱的使用，也有可能意外地增加了某一鳥種的族群，進而壓迫另一鳥種，因此仍須審慎爲之。

茶腹鳾與人工巢箱
茶腹鳾喜歡啣來泥土將巢洞口填小，這個習性和犀鳥頗爲相似，只是牠們不會自囚，即使搬到了人工巢箱，也依然保有這個習性。

第四章
發現鳥巢

鳥巢

發現的喜悅

　　在野外，如果發現鳥巢，即便是空巢黏在枝梢，也讓人振奮。對於喜愛自然的人來說，鳥巢有一種魔力，裡面裝載了許多祕密，例如：這是什麼鳥的巢？為什麼築在這裡？雛鳥是否安全離巢了？去哪蒐集來的巢材呢？

　　由於多年的賞鳥和野外經驗，我很容易就發現鳥巢，到了山林野外，眼睛和耳朵自然敏感起來，破解鳥類隱藏巢窩的伎倆，已經不是難事。多年前一個霪雨霏霏的清晨，登山行至山上的工寮，才放下行李，就瞥見一截溜出牆隙的菘蘿，當下盤算，隙縫內必有蹊蹺。我屏住呼吸躲在一旁，不到半晌，一隻青背山雀嘴上叼著一隻蛾，四下環顧後，鑽進了牆縫，果然是牠在此處築巢。隔著木板牆，耳邊猶聞雛鳥如小雞般的細微索食聲，頓時驅走一身疲憊。

　　另一回，在南投信義鄉牛稠坑的一條乾涸溪床，眼前一隻雄鉛色水鶇飛過來又飛過去，一會兒停駐岩石高歌，一會兒在電線上擺動尾羽，我離開一段距離，牠便飛走，我回來，牠又繼續方才的動作，於是，我知道牠的巢就在附近。我繞到溪床的另一端，以望遠鏡遠遠觀察，找到了巢窩，就築在水泥擋土牆的排水孔內，巢內雌鳥更加小心，大都留守孵蛋。一位好奇的農民經過，問我在看什麼，我無暇他想，興奮地分享我的發現。幾日後，滿心期待能看見育雛景象，

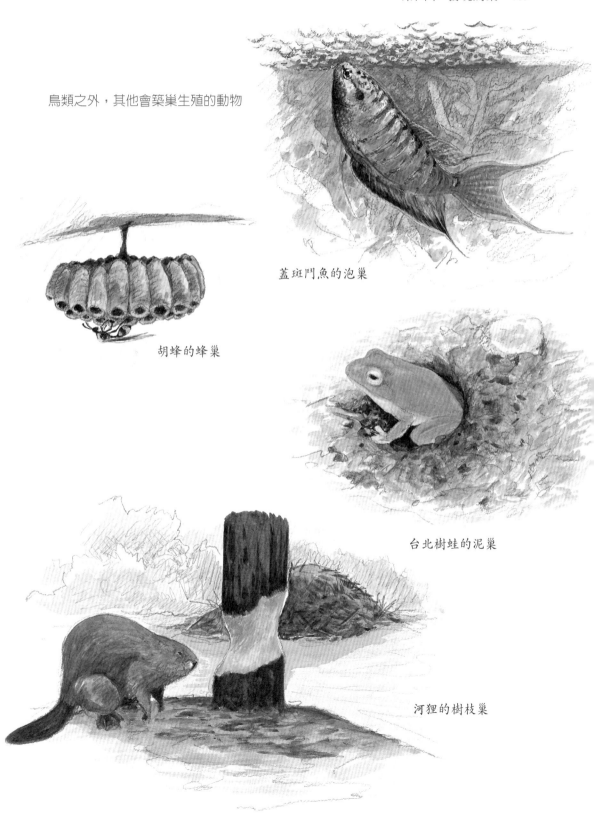

鳥類之外，其他會築巢生殖的動物

蓋斑鬥魚的泡巢

胡蜂的蜂巢

台北樹蛙的泥巢

河狸的樹枝巢

鳥巢

沒想到整個巢窩卻已不見。我才驚覺並且懊悔，悔恨自己忘形於觀察行為，卻暴露出巢的所在，為這對鉛色水鶇帶來致命的危機。

對一般人來說，與鳥巢相遇，總屬意外。春天的山林，百鳥爭鳴，喧鬧著生殖的喜悅，但為了躲避掠食者，鳥類總費盡心思隱密築巢。因此，野外忽然發現鳥巢，理所當然為之驚喜，喜悅之餘，好奇心便也隨之而來。

不同的鳥種建築不一樣的鳥巢，如同牠們的羽毛一樣，各具特色。不過，由於巢材取自大自然，一般不容易辨別異同，況且，除了鳥類，赤腹松鼠、巢鼠等動物也會以植物築巢，容易讓人誤以為是鳥巢。不過，別氣餒，仍有一些簡單的分類及觀察方法，可以幫助你認識鳥巢。

巢鼠的巢
巢鼠喜歡在禾本植物叢中築巢，牠們的巢圓形，開口位於側邊，以植物葉構成，若非對動物有經驗的人，實在很難區分是鳥巢還是巢鼠巢。

松鼠的巢
除了住在樹洞，有的松鼠還會在樹
梢築一個橢圓形的枝葉巢，例如赤
腹松鼠。

鳥巢

蛾繭

芒草花絮

蛇蛻

獸毛

先將鳥巢分類

　　觀察鳥巢，最好先找出讓你印象最深刻的形態特徵或行為特色。初步認識鳥巢，可以形狀、大小、巢位或巢材做分類，例如杯形巢、碗形巢、圓形巢、盤巢（平台巢）等，便是以形狀來分類；苔蘚巢、泥巢、樹枝巢、樹葉巢則是以巢材來分類。以下就「巢位」來分類鳥巢，敘述如下：

　　1.地面巢　包括築在地表上、地面岩石淺凹縫或樹木根部縫隙的巢。雁鴨、雉雞、鷗鴴、海洋性鳥類的地面巢結構簡單，主要以植物、泥土或小石頭築成；燕雀目鳥類，如栗背林鴝、河烏、八色鶇、小雲雀等的地面巢結構較為講究、精緻，巢多為杯碗形或圓形，巢材也較多樣。

　　2.水面巢　水雉、鷿鷈、秧雞等，都是築水面巢的專家，雛鳥一孵化，不久就能游泳或潛水。築在浮水植物或挺水植物上的巢，主要由水生植物構成，僅僅是堆疊鋪陳，大多薄而脆弱，沒有一定形狀；有的巢具有浮性，可以隨著潮水的漲落起伏。

各種巢材

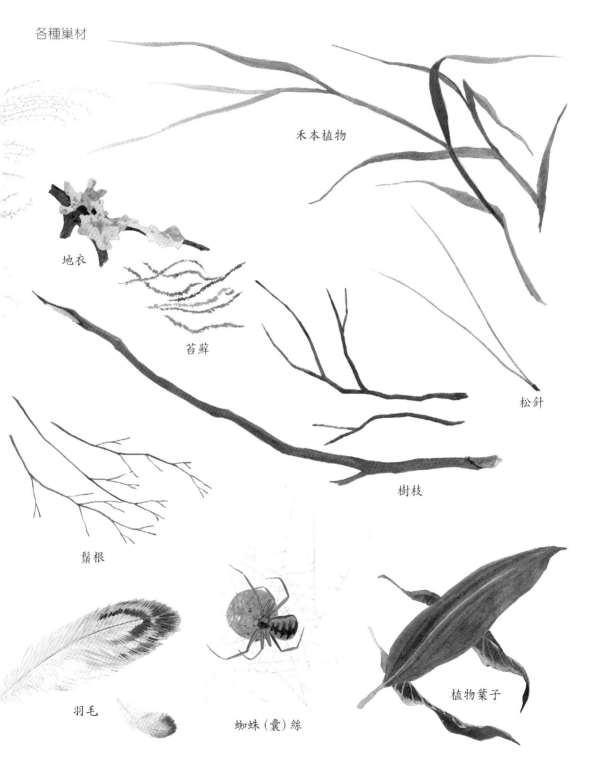

禾本植物

地衣

苔蘚

松針

樹枝

鬚根

羽毛

蜘蛛（囊）絲

植物葉子

鳥巢

地面巢

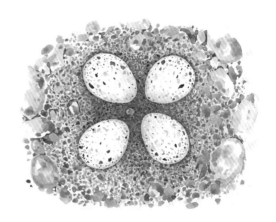

3.灌叢巢　築在灌木、小樹或是草叢上的巢，巢材以草莖葉、細根或禾本植物的花絮為主，形狀多樣，有杯形、碗形、圓形、襪形。巢離地的高度，約為成年男子的身高。褐頭鷦鶯、番鵑、小彎嘴、藪鳥、台灣畫眉等，都是喜歡在灌叢內築巢的鳥類。

灌叢巢

水面巢

鳥巢

4.枝架巢 老鷹、鷺鷥、白頭翁、黃鸝、台灣藍鵲、黑枕藍鶲、白環鸚嘴鵯、巨嘴鴉、冠羽畫眉等都築枝架巢。築在大樹枝幹或枝葉間，大型鳥類的巢材以樹枝爲主，小型鳥類則由小樹枝、植物莖葉或根鬚築成。巢形有杯形、圓形或是像鷹類所築的平台型大巢。

5.懸吊巢 大樹枝條間或末端垂吊下來的巢。巢材以植物莖葉爲主，形狀似葫蘆、紡錘或長襪。由於熱帶地區，巢被掠食的壓力較大，一些熱帶性鳥類如織巢鳥、酋長鳥、闊嘴鳥或太陽鳥等，都演化出這種懸吊巢。

6.樹洞巢 築在樹木洞穴或樹上蟻塚內的巢。燕雀目鳥類中，只有少數幾種屬於洞巢鳥，譬如煤山雀、椋鳥、茶腹鳾等，牠們會在洞穴內添加植物、苔蘚、樹皮、松蘿、獸毛等巢材；而非燕雀目的洞巢鳥，例如啄木鳥、五色鳥、鸚

懸吊巢　　枝架巢

樹洞巢

鵁、貓頭鷹、犀鳥、巨嘴鳥、鵲鴨、鴛鴦、佛法僧、笑魚狗等，就很少在洞巢內添加巢材，頂多僅是襯著木屑。

　　7.地洞巢　築在地面下或是地面蟻塚、土堤、獸穴、岩石洞穴內的巢。很多地洞巢由開口處進入一條地道，地道盡頭才擴充為產室，產室裡有時鋪上羽毛、棉絮等柔軟材料。蜂虎、翠鳥、穴鴉、棕沙燕、花鳧、水薙鳥、掘穴鸚鵡等，都是築地洞巢的鳥類。

　　8.崖壁巢　家燕、赤腰燕、部分雨燕、游隼、兀鷹等，

地洞巢

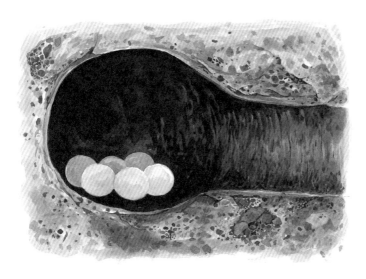

鳥巢

岩壁巢

築巢在岩石峭壁、隙縫、岩洞，或是將巢黏附在人為的建築物上。

9.奇怪巢 築在奇怪的地方，或用奇怪的巢材築巢。譬如有的鷦鷯可以在空的罐頭或人類的衣服口袋內築巢；紐約曾有一對冠藍鴉，連續幾年都在大樓的太平門上方築巢；也曾有人在安全帽內發現鳥類築巢。

鳥巢樣式雖然繁多，但親緣近的鳥種，巢往往大同小異。到了科與科（Family）之間，無論行為特徵、棲息環境、習性、身體構造的差異就很明顯，巢也容易顯出各自的特色，譬如山雀科鳥類築樹洞巢，長尾山雀科則多半是在樹冠層築枝架巢。

不過，有些同種的鳥類也會選擇在不同的地方築巢，例如在樹洞築巢的煤山雀，也會在崖壁間的細縫中做窩，也就是說，煤山雀的巢，有樹洞巢和崖壁巢兩種；紫嘯鶇除了在溪澗石縫間築地面巢，也常在橋墩之類的人為建築物上築崖壁巢；金門的戴勝則會選擇在樹洞、地面岩縫、人為建築物上，築樹洞巢、地洞巢或崖壁巢。

如何測量鳥巢

　　曾經在塔塔加遇到一位小朋友，還在唸國小，與家人來登山，他好奇打量我手中栗背林鴝的巢，問我：「這個鳥巢是不是死了？它有多大呢？」就像每個人的身高體重一樣，鳥巢也有自己的尺寸大小。同一種鳥如果生活在不同地方，由於巢材選擇的不同、巢材的獲取或生殖次數的差異，所築的巢有時大小也會有些差異。

　　拾獲的鳥巢，該如何記錄大小尺寸及形狀呢？想起那位小朋友的問題，我曾仔細思考，鳥巢彷彿也有生命，從鳥兒開始築巢到完成生殖過程，巢材由青綠轉爲褐黃，水分也逐漸乾枯，或許也住進來幾種昆蟲、寄生蟲。幼鳥離巢後的一段時間，鳥巢仍是活的，只是逐漸衰敗，風吹、雨淋、日曬，加速鳥巢形體銷散，再度回歸大地。爲了獲得較完整的資訊，測量鳥巢必須在它仍「活著」的時候進行，最好是幼鳥離巢後，鳥巢還保有完整外型的時刻。

　　鳥巢外形的測量包括兩個主要部分，一是巢的直徑，又分巢外徑和巢內徑，一是巢的高度，也包括巢內深度。由於鳥巢種類繁多，除了巢體本身的測量外，和鳥巢有關的聯繫物，也須一併測量，例如支撐物的粗細、數目、洞巢直徑、地洞巢的地道長度等等。

　　撿回來的鳥巢須以封口袋裝好，如有昆蟲或寄生蟲掉

鳥巢

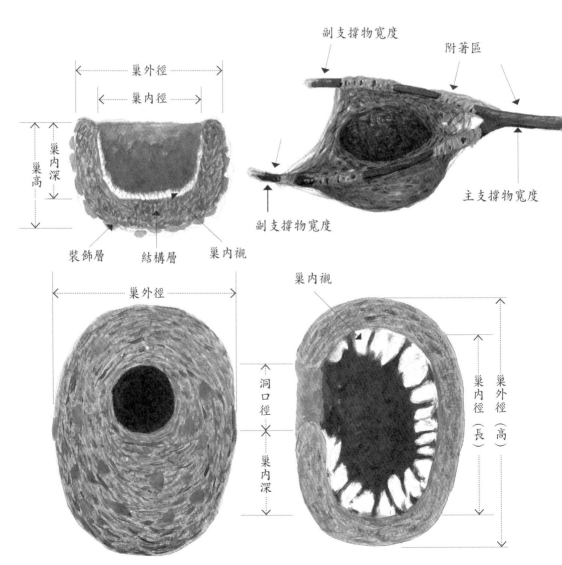

落，可以順便蒐集，因為寄生蟲的多寡，可用來推測鳥類的生殖狀況；此外，巢外形、巢材及巢位，也須根據發現的情況詳加記錄。野外觀察時，儘量描述鳥類如何築巢，用喙或腳搬運巢材？有什麼特殊行為的表現？啣回來的巢材花多久時間安置完畢等等，每一筆紀錄，都會是寶貴的築巢資料。

副支撐物寬度

附著區

巢外徑

巢內徑

巢內深

巢高

主支撐物寬度

副支撐物寬度

裝飾層

結構層

巢內襯

巢外徑

巢內襯

洞口徑

巢內深

巢外徑（高）

巢內徑（長）

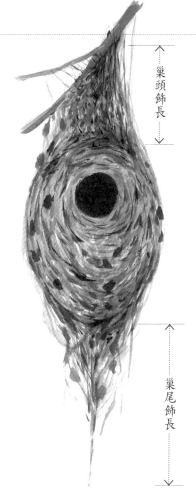

巢頭飾長

巢尾飾長

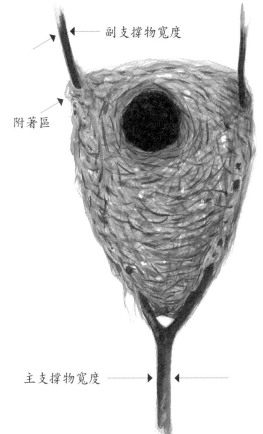

副支撐物寬度

附著區

主支撐物寬度

巢的結構

鳥巢的構成,可以分為裝飾層、結構層、巢內襯三個
層次,再加上黏附在其他物體上的附著區。除了結構
層之外,其餘的部份不一定都具備,端視何種鳥巢而
言,例如白頭翁的巢只有結構層,黑枕藍鶲鳥巢則有
裝飾層及結構層,家燕巢則為結構層加巢內襯。

附著區:指鳥巢黏附在支撐物上面的地方。

裝飾層:鳥巢外層以蜘蛛絲黏附地衣、蛾繭、葉子、
菘蘿、樹皮或蛇蛻,有掩飾的效果。

結構層:是鳥巢的主體結構,也是構成鳥巢外觀的主
要巢材,例如樹枝、葉、蔓莖、泥土等。

巢內襯:巢內添加的柔軟巢材,例如羽毛、草莖葉、
獸毛、花絮等。

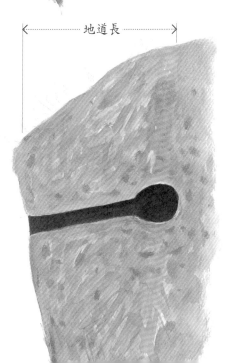

地道長

鳥巢

尋找鳥巢

　　鳥類多在春天求偶築巢，生殖期的長短，視鳥種、海拔、地理分布等因素而不同。在台灣，高海拔的鳥類在春寒料峭的二月便唱起情歌，低海拔的鳥類也許要晚1～2個月。通常，高海拔鳥類的生殖高峰集中於3～5月，低海拔鳥類則集中於4～6月，這短短的4個月，是觀察鳥類築巢生殖的好時

這是住家附近的淺山草原地形，我常在這裡尋找鳥巢。

機，也較容易發現鳥類築巢。

如果運氣好，也夠耐心及細心，將有機會遇上鳥類生活中最感人的畫面。不過，該如何找到正在築巢的鳥呢？循著以下建議，很容易就可以找到：

1.先做功課 閱讀生物學相關書籍，研判哪些鳥種可能在附近築巢生殖，了解牠的棲息環境特徵，如有鳴聲的資料，可反覆聆聽，熟悉聲音有助於判斷鳥種和牠的行為狀況。提高自己的視、聽覺敏銳度，注意鳥兒是否咬著巢材或

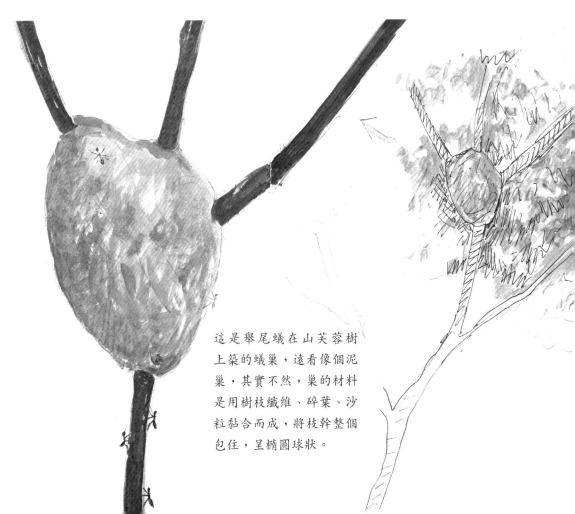

這是舉尾蟻在山芙蓉樹上築的蟻巢，遠看像個泥巢，其實不然，巢的材料是用樹枝纖維、碎葉、沙粒黏合而成，將枝幹整個包住，呈橢圓球狀。

鳥巢

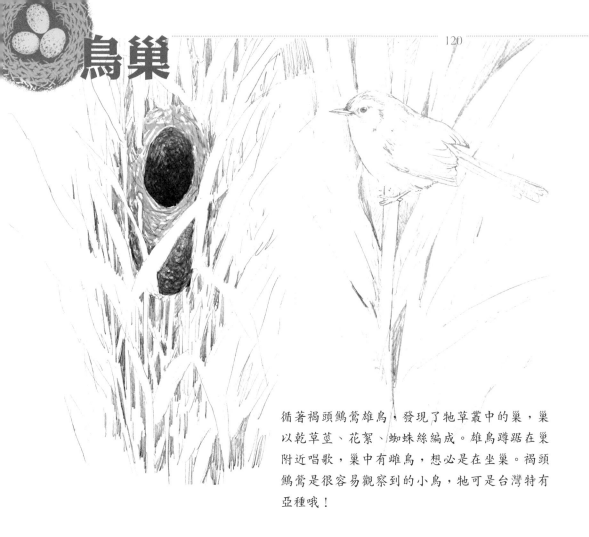

循著褐頭鷦鶯雄鳥，發現了牠草叢中的巢，巢以乾草莖、花絮、蜘蛛絲編成。雄鳥蹲踞在巢附近唱歌，巢中有雌鳥，想必是在坐巢。褐頭鷦鶯是很容易觀察到的小鳥，牠可是台灣特有亞種哦！

食物，循著牠的行進方向，就有可能發現巢位所在。

  2.注意雌鳥 雖然鳥巢不易發現，但只要多注意雌鳥的行為，譬如是否啣著巢材、是否在特定地點停留較久、是否發出警戒聲……等特殊行為。如果發現，即使牠飛走了，也無須急忙離開，可以慢慢後退幾步，蹲下來耐心再等一會兒，如果巢位就在附近，雌鳥一定會回來。若雌鳥正在尋找巢位築巢，也會在特定地方徘徊，那麼兩三天後可以再來此處尋找。

3.注意雄鳥　找到雄鳥也有可能找到雌鳥及鳥巢，有的雄鳥領域性極強，生殖季節往往獨霸一方，不容許其他雄鳥越雷池一步。發現敵人靠近巢位時，牠會發出短暫急切的警告聲，然而，對於熟悉鳥聲的人來說，此舉正洩漏了牠的巢位就在附近。

黃頭扇尾鶯的聲音非常容易辨認，尤其在草叢中「唧、唧、唧」邊飛邊叫的時候。我常幻想牠們是一群蚱蜢，而不是鳥類。圖中的紅色虛線內，可能是牠的巢位所在，因爲我見到牠一直在此徘徊、鳴唱，並出現改變鳴唱聲音的警戒行爲。

鳥巢

4.觀察行為 雖然也有鳥類全天候都在築巢，但觀察鳥類築巢的最佳時間約在早上6點至10點之間，可以發現鳥類搬運巢材或築巢等。如果發現鳥嘴巴咬著巢材，可先以肉眼觀察（勿用望遠鏡，因為不好追蹤）牠的行進方向，是飛入灌叢、屋簷隙縫、樹冠層的哪個部位或是其他地方，就有可能追蹤到巢位。

5.施工中‧立入禁止 正在築巢的鳥兒極其敏感，尚未生蛋前若被干擾，即使你自恃隱身功夫到家，只要惹了點風吹草動，就可能讓牠棄巢另覓他方！因此，最好按捺住雀躍的心情，讓自己像棵樹般的凝立，保持安靜非常重要。離開時，也要緩慢再緩慢，確定不被鳥兒發現；可以在巢位附近做個小標記，方便記得鳥巢的位置，以利下次觀察。

6.已經完工的鳥巢 如果行經一處，突然竄出一隻慌張的鳥，請先停止所有的動作，僅以眼睛耳朵來觀察；因為鳥巢就在附近，而且是個完工的鳥巢，很可能巢裡面已有小生命了！此時可退後約10公尺，蹲下來觀察鳥兒竄出的地方，以待警報解除（鳥的警戒聲消失）。如果運氣好一點，還可能觀察到鳥媽媽叼著雛鳥的尿布包（糞囊）飛往他處丟棄的畫面，如此就更能確定巢位所在了。

八色鳥育雛

圖中這隻八色鳥媽媽剛餵完寶寶吃東西，馬上就得替牠們清理尿布包（糞囊），將尿布包拿去遠方丟棄，這種行爲對於在地面築巢生殖的鳥類來說，非常重要，如果不做清理的話，便容易因爲氣味而引來掠食者。

鳥巢

小心翼翼的
觀察記錄

　　很少人能夠完整觀察到鳥類築巢、生蛋、孵蛋、育雛到離巢的整個歷程，這實在不是一件簡單的事，必須耗費心思、耐力與時間，有時還得忍受蚊蠅騷擾，且為了保持一定姿態而汗流浹背；不過，其中的樂趣也是無可比擬的。對一般人而言，在都市築巢的家燕，是觀察鳥類築巢生殖的最佳入門鳥種，你可以閒坐門廊，觀察所有築巢、育雛過程，大方的燕子也不會視你為怪物。

　　多年來的春天，總有一對紫嘯鶇出現在我家附近，在破曉前，將悶了一整個冬天的歌喉，以最尖銳的方式熱情放射，於是我知道牠們要戀愛了。

　　2006年，我想調查住家附近有哪些鳥築巢，紫嘯鶇就是名單之一。我多次追蹤其中一隻成鳥，但因牠們活動的範圍包含整個社區，建築物間的穿梭往返，追蹤不易！不過，累積經驗後，也大約摸出了牠的活動路線，我發現牠們最終會繞回住家頂樓，遂改以守株待兔。終於，在一個緊臨山壁的空屋冷氣窗上，發現了一個紫嘯鶇巢，當時正是牠們最忙碌的育雛期間。

　　這對不怕人的紫嘯鶇夫婦，以細碎的植物鬚根、小樹枝

火冠戴菊的築巢過程

1　首先在針葉樹枝幹分岔處選好
了築巢的位置，將蒐集來的蜘蛛
絲黏附在枝幹兩側。

2　找來苔蘚，以蜘蛛
絲當作黏著劑。

3　繼續增加苔蘚，並找其他的巢材如
植物碎削、小樹枝等添加上去。

4　最後添入羽毛或獸毛等柔軟的
巢內襯，並以身體壓實，完工！

鳥巢

做巢材，築了一個淺淺的碗形巢，空屋窗台上長了野草，巢依偎著一叢禾本植物，養育著兩隻小烏鴉般的寶寶，此巢形勢險峻，得曲膝倚著女兒牆，由上往下偷偷觀察。牠們非常機伶，一開始，我就被牠們鳴聲大噪地轟走了。幾天之後，只見一隻幼鳥離巢，跟在父母附近，我轉回巢區查看，巢已凋零，可能被風雨破壞，也可能遭受流浪貓的襲擊，隨後幾天的觀察，仍然不見另一幼鳥……。

　　觀察時，有個最重要的觀念，必須不時地提醒自己，寧願放棄觀察，也不要影響鳥類的生殖！然而，無論多麼謹慎，接近鳥巢時，都有可能干擾到鳥類。依我自己的經驗是，只要不被鳥類發現你的存在，鳥不會被嚇跑，就是最好的觀察態度，以下幾點建議，可以將干擾降至最低：

　　1.確定巢位　利用成鳥不在巢中或巢附近時觀察，如果想看巢內動靜，可以使用一端綁上小鏡子的長竿，稍稍撥開遮蔽物（樹叢、樹葉等）用鏡子檢視，勿將身體靠過去，以免破壞巢附近的植物結構或留下氣味。此外，若是不確定鳥巢的位置，應避免亂找一通，驚嚇了鳥類。

　　2.請勿打擾　若發現成鳥正在孵蛋或抱雛，千萬不要靠近巢區，可以站在遠處，以望遠鏡觀察。如果附近有可能的掠食者存在（如松鴉、巨嘴鴉、野貓等），要避免站在同一地點太久，這些掠食者有可能因為你的觀察行為而找到鳥巢；當有陌生人出現，也該暫時放下望遠鏡，最好不要告訴陌生人你的發現，因為仍有人捕捉販賣剛孵化的雛鳥。

黑枕藍鶲育雛
住家附近的淺山次生林中，住著黑枕藍鶲，發現牠時，雄鳥正在餵雛。牠的巢外層有白色的裝飾物，應該是蟲繭、蜘蛛囊絲或地衣；巢下端常處理成鬚狀。整個巢黏在樹叉中間，隱藏在林中很難被發現。

鳥巢

3.避免貓狗　不要攜帶寵物去觀察鳥巢，往往成事不足敗事有餘。

4.保持警覺　若巢位於高處或在樹洞內，不易觀察，可藉由成鳥的行為來判斷巢內情形，育雛階段成鳥攜帶食物進巢的次數通常較多，有時還可聽見雛鳥的索食聲。切勿爬樹觀察，因為破壞性太大，也太危險。

5.安全時間　有研究顯示，鳥巢被掠食的時間大多發生在早上及傍晚，如果想觀察正在坐巢的鳥類，儘量利用中午的時間，此時掠食者正在休息。

6.安全距離　親鳥若在附近徘徊而不願意回巢，可能是你距離鳥巢太近了，所有觀察都該以不影響鳥類為原則，請悄悄退開。

看見一隻吊掛在巢外的幼鳥，請勿自作聰明幫牠回巢，也許牠的父母正在誘牠離巢，你的多此一舉有可能引發意想不到的悲劇，我就發生過一次慘痛的驚嚇經驗。

小時候，在灌叢中發現一隻離巢的綠繡眼幼鳥，看起來很無助，聲聲呼喚著爸媽，我四處搜尋，發現巢在灌叢上方，決定送牠回巢。費了一番周折後，抓住了這隻小綠繡眼，正將牠放回巢內，沒想到巢內還有兩隻，牠們嚇得橫衝直撞、四散紛飛，我也被嚇到了，其中一隻衝入了旁邊的水溝，面對如此巨變，我內疚到想哭。後來我知道，為了避免這類「救鳥不成反害鳥」之憾事發生，是否需要涉入正在觀察的事件，其實有個「自然因素」的標準可以判斷。

樹鵲巢

這是2006年唯一找到的樹鵲巢，令我興奮不已。樹鵲巢由細枝構成，築在離地面很高的樹枝幹上，隱密性很好。附近的樹鵲常三五隻與台灣藍鵲混棲活動，但牠們築巢的地點似乎會錯開，在樹鵲巢附近並不見藍鵲築巢。

　　2006年1月，生物學家古岱爾（Wing Goodale）在美國緬因州北方一處臨海地方，發現一對白頭海鵰的巢，於是在巢附近架設了攝影機，並且連線到網路供人觀賞。4月，發現巢中第1隻雛鳥孵化，隨後幾天第2、3隻雛鳥跟著與世人見面了，科學家和觀眾均為之振奮，因為白頭海鵰很少有一個巢出現3隻雛鳥的紀錄。5月，雛鳥在親鳥辛苦餵養之下迅速成長，電視機或電腦前觀賞的人們，無不殷切期盼雛鳥安然茁壯，然後成功離巢。

鳥巢

　　然而，接下來攝影機卻出現一幕令人震驚的畫面，老大咬死了老么，並且和老二分食老么的屍體！許多觀眾為此感到難過、沮喪，有人打電話責怪研究人員為何不加以干涉？為何眼睜睜地看著牠們自相殘殺？專家無奈地表示，這是自然因素，他們不能干涉。

　　的確，動物世界的真相有時就是如此殘酷，猛禽或鷺鷥的兄弟相殘、雄獅子的殺嬰行為等，在人們眼裡雖然血腥，但正如老子《道德經》所言：「天地不仁，以萬物為

番鵑

一直到夏末，都可以在住家附近聽見番鵑的鳴唱，牠們似乎熱中於二重唱，常常遠方一隻先唱，然後會有另一隻附和，但就是找不到牠們藏匿在草叢內的巢，只見牠飛翔時閃耀的橙棕色羽毛，令人驚艷。

台灣畫眉與巢

台灣畫眉是草原上的花腔女高音，我在住家附近發現牠。要找到牠的巢還蠻容易的，只要在牠的領域耐心守候，一定有所獲。此巢位於森林與草原的邊緣地帶，隱藏在兩棵樹下的禾草叢中。巢由葉片構成。

芻狗」，此乃大自然運行之道理。白頭海鵰老么的犧牲，讓老大、老二可以吃更多的食物，長得更強壯，父母也不會太累；至於殺嬰行為，更是普遍存在於動物世界，獅子、鼠類、海豚、水雉、白冠雞、蜜蜂等都曾有此紀錄，一般認為，殺嬰是為了獲得生殖控制權，也是優勝劣敗。也就是說，大自然自有其公正的雙手，人為判斷有時只是片面，造成的後果卻難以想像。

鳥巢

　　惻隱之心，人皆有之，難道遇事都得冷眼旁觀？倒也未必！遇上非自然因素的狀況，還是必須出手相助，譬如，超過2小時不見親鳥前來餵食、或者確定親鳥已經死亡、剛學飛撞上玻璃或者遭受貓狗攻擊而受傷的幼鳥，最好伸出援手，送至鳥會或相關機構，由專業的救護人員處理。每當我知道又有一塊綠地即將被開發，通常會往綠地上的樹木、灌木搜尋一遍，若能夠搶救一、二個鳥巢，也是功德。

　　3～6月的鳥巢充滿了生命信息，此時如果發現空鳥巢，切勿隨意採集，那可能是一個剛剛建立起來的巢，也可能將被二次利用。總之，如果想摘取鳥巢，至少必須先觀察二個星期，確定此巢已經被鳥放棄了，如果有耐心，最好等到生殖季節結束（9月之後），再去擁有它。

住家走道邊的花圃中發現一窩白頭翁的巢，就結在橘子樹上。通常牠們晚上在草圃區睡覺，白天往社區或其他地方覓食。一直都在原野過夜的白頭翁，到了生殖季節，會有一兩對在人家的花圃中築巢，大人會告訴小孩別去打擾牠們，直到鳥去巢空之後，小孩就將空巢取下來。

幼鳥頭頂上軟軟的嬰兒毛仍在，牠已經可以跳躍，做短距離飛翔，只需親鳥再照顧幾天，就能獨立了。

幼鳥的虹膜為暗褐色

成鳥虹膜為紅色

紫嘯鶇

住家公寓的五樓有紫嘯鶇築巢，我悄悄在對面的另一棟大樓偷窺牠的巢。親鳥似乎很敏感，牠不會直接飛進巢內，而是先站在女兒牆上發出尖叫聲。紫嘯鶇總是在清晨的黑暗中開始活動，有時會和另一夜貓子──大卷尾相互唱和，也許牠們正在分享夜的秘密呢！

鳥巢

做一個鳥巢
福爾摩斯

　　撿到了鳥巢，如何判斷是哪一種鳥築的呢？直接請教有經驗的人，或者送去博物館比對，皆為可行之道，前提是你必須說明在什麼時間、地點、棲地撿到的，能將鳥巢被發現的情形描述得越清楚，越容易判斷。但是，如能自己一步步推敲，最終獲得正確解答，那麼自己找答案更有意義。以下幾個簡單的推敲步驟，可以幫助判斷鳥巢的種類。掌握幾個大方向，也就八九不離十了。

　　1.巢位所在棲地　森林（針葉林、闊葉林、針闊葉混合林）、農地（果園、菜園）、草原（稀樹草原、牧草地、高山草原）、沼澤溼地、海岸峭壁、河岸林、溪流、都市等等，環境可以幫助判斷鳥種棲息，譬如，在牧場草原發現的鳥巢，就不大可能是森林鳥類所築的；在溪流旁發現的鳥巢，便有可能是生活在水域環境的鳥類所築。

　　2.鳥巢尺寸　一般來說，小型鳥築小型巢，大型鳥築大巢。從鳥巢的尺寸就可以剔除掉體型不合的鳥種，例如看到

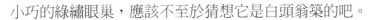

小巧的綠繡眼巢，應該不至於猜想它是白頭翁築的吧。

3.巢位及形狀 可從洞巢、灌叢巢還是枝架巢等巢位，或杯形、圓形還是盤巢的形態來判斷。同一科的鳥種，築的巢相似性頗大，例如霸鶲科鳥類（綬帶鳥、黑枕藍鶲）的巢屬於小巧杯形的枝架巢，鳩鴿科鳥類（珠頸斑鳩、翠翼鳩）多是淺盤形的枝架巢。把握鳥類築巢的特徵，即使不中，亦不遠矣。

4.巢材組成 有些鳥類偏好特殊的巢材，譬如紅頭山雀喜歡蒐集羽毛為巢內襯、栗背林鴝和河烏喜歡以苔蘚築巢、黑枕藍鶲偏好在巢外層以蜘蛛囊絲或蛾繭裝飾、鳩鴿類以小樹枝組成稀疏的巢、台灣畫眉的巢以多片葉子構成等。

5.附近有什麼已知的鳥類 由棲地已知的鳥種來篩選，過濾出有可能築此巢的鳥類，最後也許仍有一、二種同時困惑著你的判斷，沒關係，範圍已經縮小了。有時候，空的鳥巢只要猜測到是什麼科的鳥類所築即可。

鳥巢的生命期非常短暫，尤其是許多小型雀鳥的巢，維持一個生殖季便告謝幕，生殖季節一過，如果發現了無主的空巢，可以在巢內及四周仔細搜尋脫落的羽毛，或許找出線索，幫助判斷是什麼鳥的巢；此外，猛禽巢內散落的羽毛或食繭，也能讓我們瞭解牠們的食物有哪些。只要細心觀察、推敲，仍可在已經失去生命的鳥巢中，看見許多關於鳥類的生命故事。

鳥巢

鳥巢是大自然
的記事本

　　蒐集鳥巢，如同蒐集大自然中美麗的石頭、漂流木、落葉、果實一樣，純粹欣賞、喜好。與鳥巢的相遇，該是隨緣，不必專門尋找，更不可大力搜刮。

　　在1870至1920年，北美洲曾經吹起一股鳥巢、鳥蛋蒐集熱潮，蒐集者不只科學家，還包括了眾多的業餘愛好者、小孩等，那時缺乏生態保育的觀念，採集方式粗暴，為了一個鳥巢，甚至砍下整棵樹。

　　博物館之間也競相以蒐藏稀有鳥巢或鳥巢數量來較勁，越多越好。隸屬哈佛大學的麻州當代動物學博物館，館內多數的鳥巢標本就是來自當時的蒐藏。不過，在1970年前，由於館藏太豐，佔去太多空間，卻沒人知道如何利用這些鳥巢，也不知如何管理，許多標本因為灰塵、蟲害、潮濕、壓擠而毀壞，博物館因此丟棄了許多鳥巢標本。

　　70年代之後，美國科學家比較一個100年前的鳥蛋與現今的鳥蛋，解開了DDT殺蟲劑容易致使鳥蛋殼變薄的危害，從而說服國會立法禁用DDT殺蟲劑，這才重啟了人們對鳥巢、鳥蛋標本的重視，新一波標本蒐集熱潮於是再次興起，只是

此時博物館已知道該如何保存這些珍貴的標本了。

鳥巢、鳥蛋標本是重要的時代產物，它保存了當代環境情況的資訊，紀錄自然環境最眞實的面貌，科學家可以比較鳥巢標本中巢材的二氧化碳含量，探討全球暖化的變遷史，也可比較不同時期的相同巢材，檢驗出空氣污染的情況。

全球暖化，這個人類共同面臨的危機，也可由博物館的標本蒐藏來提供答案，譬如英美兩地的鳥類學家，經由標本的巢卡紀錄，發現過去二十幾年間，溫帶地區生殖的鳥類，生蛋的日期平均提早了9天，這也是因爲暖化現象，春天的平均溫度較以往昇高所致。

鳥類以鳥巢紀錄了牠們適應環境的生活點滴，同時也紀錄了人類的改變環境。鳥巢是大自然的記事本，閱讀鳥巢，等於在閱讀人類自己⋯⋯。

科名	中文科名	舉例鳥種	巢種類
Phasianidae	雉科	黑長尾雉 / 竹雞	地面巢
Anatidae	雁鴨科	鴛鴦 / 花嘴鴨	樹洞巢 / 地面巢
Podicipedidae	鸊鷉科	小鸊鷉	水面巢
Threskiornithidae	朱鷺科	埃及聖鷺	枝架巢
Ardeidae	鷺科	栗小鷺 / 黑冠麻鷺	灌叢巢 / 枝架巢
Sulidae	鰹鳥科	白腹鰹鳥	地面巢 / 枝架巢
Falconidae	隼科	遊隼	崖壁巢
Accipitridae	鷹科	黑鳶	枝架巢
Rallidae	秧雞科	灰胸秧雞 / 紅冠水雞	地面巢 / 水面巢
Turnicidae	三趾鶉科	棕三趾鶉	地面巢
Recurvirostridae	反嘴鴴科	高蹺鴴	地面巢 / 水面巢
Charadriidae	鴴科	小環頸鴴	地面巢
Rostratulidae	彩鷸科	彩鷸	地面巢
Jacanidae	水雉科	水雉	水面巢
Glareolidae	燕鴴科	燕鴴	地面巢
Laridae	鷗科	小燕鷗	地面巢
Columbidae	鳩鴿科	金背鳩 / 翠翼鳩 / 紅鳩	枝架巢
Cuculidae	杜鵑科	中杜鵑 / 番鵑	沒有巢(寄生) / 灌叢巢
Tytonidae	草鴞科	草鴞	灌叢巢
Strigidae	鴟鴞科	黃嘴角鴞 / 鵂鶹 / 領角鴞	樹洞巢
Caprimulgidae	夜鷹科	台灣夜鷹	沒有巢
Apodidae	雨燕科	叉尾雨燕	崖壁巢
Alcedinidae	翠鳥科	翠鳥 / 斑魚狗	地洞巢
Meropidae	蜂虎科	栗喉蜂虎	地洞巢
Upupidae	戴勝科	戴勝	地洞巢 / 樹洞巢 / 崖壁巢
Ramphastidae	鬚鴷科	五色鳥	樹洞巢
Picidae	啄木鳥科	小啄木 / 綠啄木	樹洞巢
Pittidae	八色鳥科	八色鳥	地面巢
Campephagidae	山椒鳥科	灰喉山椒鳥	枝架巢
Laniidae	伯勞科	棕背伯勞	枝架巢
Oriolidae	黃鸝科	黃鸝 / 朱鸝	枝架巢
Dicruridae	卷尾科	大卷尾	枝架巢
Monarchidae	王鶲科	黑枕藍鶲	枝架巢
Corvidae	鴉科	松鴉 / 巨嘴鴉	枝架巢 / 崖壁巢
Paridae	山雀科	赤腹山雀 / 煤山雀 / 黃山雀	樹洞巢 / 崖壁巢
Hirundinidae	燕科	棕沙燕 / 家燕	地洞巢 / 崖壁巢
Aegithalidae	長尾山雀科	紅頭山雀	枝架巢
Alaudidae	百靈科	小雲雀	地面巢
Cisticolidae	扇尾鶯科	褐頭鷦鶯	灌叢巢
Pycnonotidae	鵯科	白頭翁 / 烏頭翁	枝架巢 / 灌叢巢
Sylviidae	鶯科	台灣叢樹鶯 / 棕面鶯	灌叢巢 / 樹洞巢或岩縫
Timaliidae	畫眉科	台灣畫眉 / 小鶯鶥 / 冠羽畫眉	灌叢巢 / 地面巢 / 枝架巢
Zosteropidae	繡眼科	綠繡眼	枝架巢 / 灌叢巢
Reguliidae	戴菊鳥科	火冠戴菊	枝架巢
Troglodytidae	鷦鷯科	鷦鷯	灌叢巢 / 地面巢
Sittidae	鳾科	茶腹鳾	樹洞巢
Sturnidae	八哥科	八哥	樹洞巢 / 崖壁巢
Turdidae	鶇科	台灣紫嘯鶇 / 黑鶇	地面巢 / 崖壁巢 / 枝架巢
Muscicapidae	鶲科	栗背林鴝 / 黃胸青鶲	地面巢 / 枝架巢
Cinclidae	河烏科	河烏	地面巢
Dicaeidae	啄花鳥科	紅胸啄花鳥	枝架巢
Passeridae	麻雀科	麻雀	樹洞巢 / 崖壁巢
Estrildidae	梅花雀科	白腰文鳥 / 斑文鳥	枝架巢 / 灌叢巢
Prunellidae	岩鷚科	岩鷚	地面巢
Motacillidae	鶺鴒科	白鶺鴒	地面巢
Fringillidae	雀科	酒紅朱雀 / 褐鷽	灌叢巢 / 枝架巢

巢形	巢棲地	附註
盤巢	森林	
盤巢	森林／溪流／河岸林	
盤巢	沼澤溼地	
盤巢	草原／河岸林	
盤巢	森林／河岸林／沼澤溼地	黃頭鷺／夜鷺群聚築巢
無／盤巢	海岸峭壁	群聚築巢
盤巢	森林／都市	
盤巢	森林／河岸林	
盤巢	農地／河岸林／沼澤溼地	
盤巢	森林／農地／草原	
盤巢	沼澤溼地	
無	溪流／河岸林	
盤巢	農地／沼澤溼地	
盤巢	沼澤溼地	
無	農地／草原／沼澤溼地	
無	沼澤溼地	
盤巢	森林／農地／草原／都市	
無／盤巢	森林／農地／草原	
盤巢	農地／草原	
無	森林／農地／都市	
無	溪流／河岸林	
圓形	森林／都市	群聚築巢
無	溪流／河岸林／沼澤溼地	
無	農地／河岸林	
無	農地／草原／河岸林	
無	森林／農地／都市	
無	森林	
圓形	森林／農地	
杯形	森林	
杯形	農地／草原	
杯形	森林	
杯形	森林／農地／草原／都市	
杯形	森林／農地／河岸林	
杯形／盤巢	森林	
盤巢	森林	
無／杯形／瓶形	河岸林／都市	棕沙燕群聚築巢
圓形	森林	
杯形	農地／草原	
圓形	農地／草原／都市	
杯形	森林／農地／草原／都市	
圓形／杯形	森林	
圓形／杯形	森林／農地／草原	
杯形	森林／農地／草原／都市	
圓形	森林	
圓形	森林	
盤巢	森林	
盤巢	農地／草原／都市	
盤巢／杯形	森林／溪流／河岸林	
杯形	森林	
圓形	溪流／河岸林	
杯形	森林	
圓形	農地／都市	
圓形	森林／農地／草原	
杯形	森林	
杯形	溪流／河岸林／都市	
杯形	森林	

鳥巢

鳥類中名・學名索引

鳥巢

鳥巢觀察記錄表

鳥種：	年/月/日：

觀察者：　　　　　　觀察地點（最近的地標）： 海拔：

巢位棲息地描述（可以圈示以下編號）：

01 光禿地表　　　02 地面低矮草叢中　　　03 水面上

04 水面植物上或水面其他物體上（例如水車）

05 地面灌叢　　　06 岩壁灌叢　　　07 闊葉樹枝幹　　　08 闊葉樹樹洞

09 針葉樹樹幹　　　10 針葉樹樹洞　　　11 人工巢箱　　　12 人為建物

13 河岸地洞　　　14 地面地洞　　　15 岩石縫　　　16 崖壁

17 蟻塚　　　18 其他（　　　　　　　　　　　）

棲息地優勢植物（列1至2種）

植物1：

植物2：

巢的描述
（巢材種類、距離地面或水面高度、尺寸大小、巢內情形—蛋數或雛鳥狀況）：

巢的狀況描述（空巢、已被破壞、是否採集、簡單的素描）：

綠指環圖鑑書11

鳥巢
破解鳥類千奇百怪的建築工法

作　　者／蔡錦文
繪　　圖／蔡錦文
責任編輯／張碧員、韋孟岑
版　　權／翁靜如、黃淑敏
行銷業務／張媖茜、黃崇華
美術設計／徐　偉
封面設計／日央設計
總 編 輯／何宜珍
總 經 理／彭之琬

發 行 人／何飛鵬
法律顧問／元禾法律事務所 王子文律師
出　　版／商周出版
　　　　　台北市中山區104民生東路二段141號9樓
　　　　　電話：(02) 2500-7008　傳真：(02) 2500-7759
　　　　　E-mail：bwp.service@cite.com.tw
　　　　　Blog：http://bwp25007008.pixnet.net./blog

發　　行／英屬蓋曼群島商家庭傳媒股份有限公司城邦分公司
　　　　　台北市104中山區民生東路二段141號2樓
　　　　　書虫客服專線：(02)2500-7718、(02) 2500-7719
　　　　　服務時間：週一至週五上午09:30-12:00；下午13:30-17:00
　　　　　24小時傳真專線：(02) 2500-1990；(02) 2500-1991
　　　　　劃撥帳號：19863813　戶名：書虫股份有限公司
　　　　　讀者服務信箱：service@readingclub.com.tw
　　　　　城邦讀書花園：www.cite.com.tw

香港發行所／城邦（香港）出版集團有限公司
　　　　　香港灣仔駱克道193號超商業中心1樓
　　　　　電話：(852) 25086231傳真：(852) 25789337
　　　　　E-mailL：hkcite@biznetvigator.com
馬新發行所／城邦(馬新)出版集團【Cité (M) Sdn. Bhd】
　　　　　41, Jalan Radin Anum, Bandar Baru Sri Petaling,
　　　　　57000 Kuala Lumpur, Malaysia.
　　　　　電話：(603)90578822　傳真：(603)90576622
　　　　　E-mail：cite@cite.com.my

印　　刷／卡樂彩色製版印刷有限公司
經 銷 商／聯合行銷股份有限公司
電話：02-29178022　傳真：02-29156275
行政院新聞局北市業字第913號
著作權所有，翻印必究
2007年10月初版
2018年12月二版
定價460元
ISBN 978-986-477-585-9
Printed in Taiwan

國家圖書館出版品預行編目

鳥巢 / 蔡錦文著. -- 再版. -- 臺北市：商周出版：
家庭傳媒城邦分公司發行,
2018.12
144面 ;17*23公分. -- (綠指環圖鑑書;11)

ISBN 978-986-477-585-9（軟精裝）

1. 鳥　2. 築巢

388.8　　　　　　　　　　　　　107020733